童趣味百科

英国数学真简单团队/编著 华云鹏 刘舒宁/译

DK儿童数学分级阅读 第二辑

分数

数学真简单！

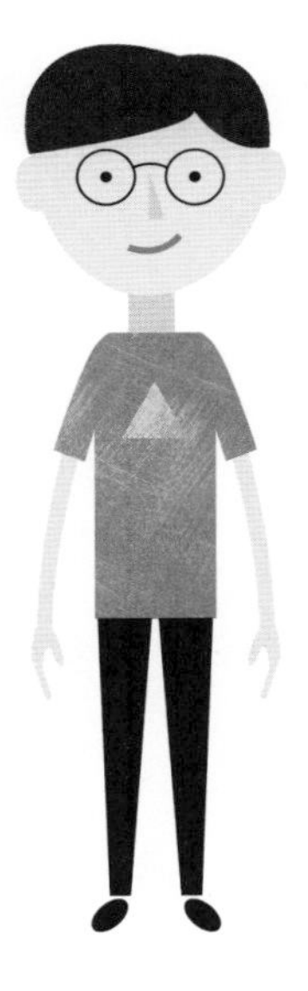

電子工業出版社
Publishing House of Electronics Industry
北京 · BEIJING

版权贸易合同登记号　图字：01-2024-1630

图书在版编目（CIP）数据

DK儿童数学分级阅读. 第二辑. 分数 / 英国数学真简单团队编著；华云鹏，刘舒宁译. --北京：电子工业出版社，2024.5
ISBN 978-7-121-47659-4

Ⅰ. ①D…　Ⅱ. ①英…　②华…　③刘…　Ⅲ. ①数学－儿童读物　Ⅳ. ①O1-49

中国国家版本馆CIP数据核字（2024）第070453号

出版社感谢以下作者和顾问：Andy Psarianos, Judy Hornigold, Adam Gifford和Anne Hermanson博士。
已获Colophon Foundry的许可使用Castledown字体。

责任编辑：董子晔
印　　刷：鸿博昊天科技有限公司
装　　订：鸿博昊天科技有限公司
出版发行：电子工业出版社
　　　　　北京市海淀区万寿路173信箱　　邮编：100036
开　　本：889×1194　1/16　印张：18　　字数：303千字
版　　次：2024年5月第1版
印　　次：2024年11月第2次印刷
定　　价：128.00元（全6册）

凡所购买电子工业出版社图书有缺损问题，请向购买书店调换。若书店售缺，请与本社发行部联系，联系及邮购电话：（010）88254888，88258888。
质量投诉请发邮件至zlts@phei.com.cn，盗版侵权举报请发邮件至dbqq@phei.com.cn。
本书咨询联系方式：（010）88254161转1865，dongzy@phei.com.cn。

www.dk.com

目录

相等的部分

第1课

准备

四个小朋友同吃一个比萨，每个人想分到相同的量。

鲁比像这样切开了一个正方形的比萨。

我认为这几块比萨是一样大的，这4块大小都是相等的。

这几块比萨的形状不同，我认为它们的大小不一样。

谁是对的？

举例

首先我把比萨切成两等份。

第1步

我把其中一块切成两等份。

第2步

然后我把另一块按不同的方式切成两等份。

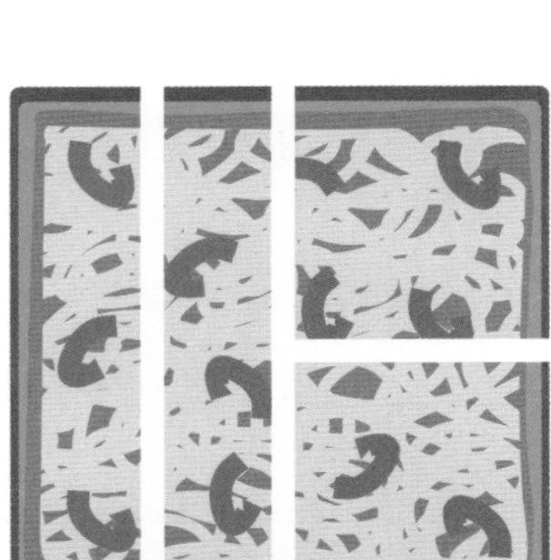

第3步

我认为是露露对的，这几块比萨虽然形状不同，但是大小相同。

如果这几块比萨大小都一样，我们可以说这4块是相等的。

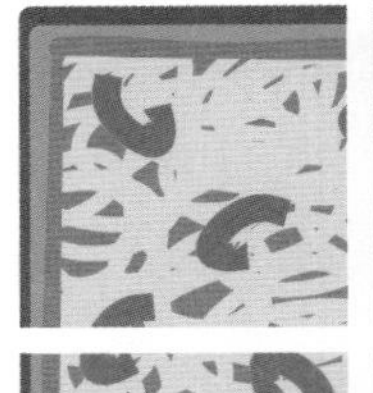

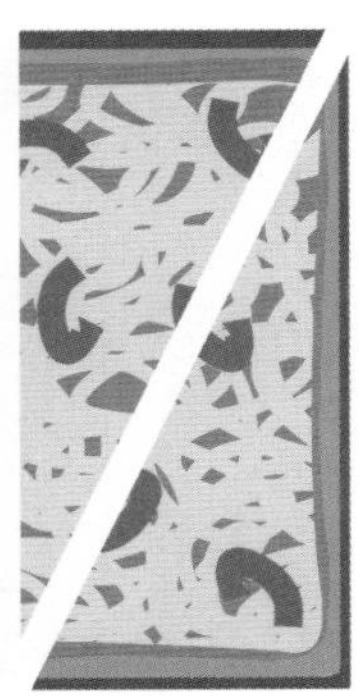

鲁比还可以用其他方式切这块比萨。

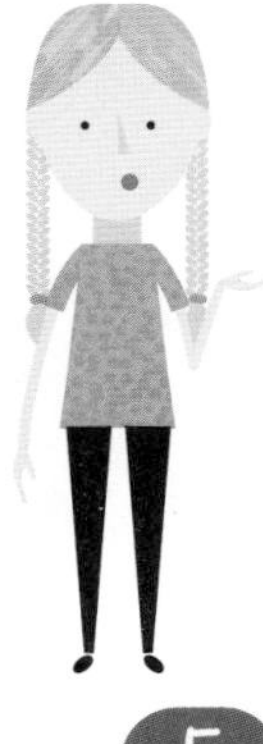

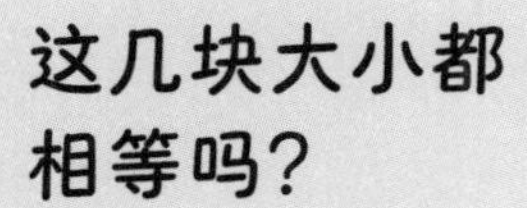

这几块大小都相等吗？

练 习

1 画线，将以下图形分成相等的两部分。你能想出几种方法?

(1)

(2)

2 画线，将以下图形分成相等的四部分。你能想出几种方法?

(1)

(2)

将被分成等份的图形圈出来。

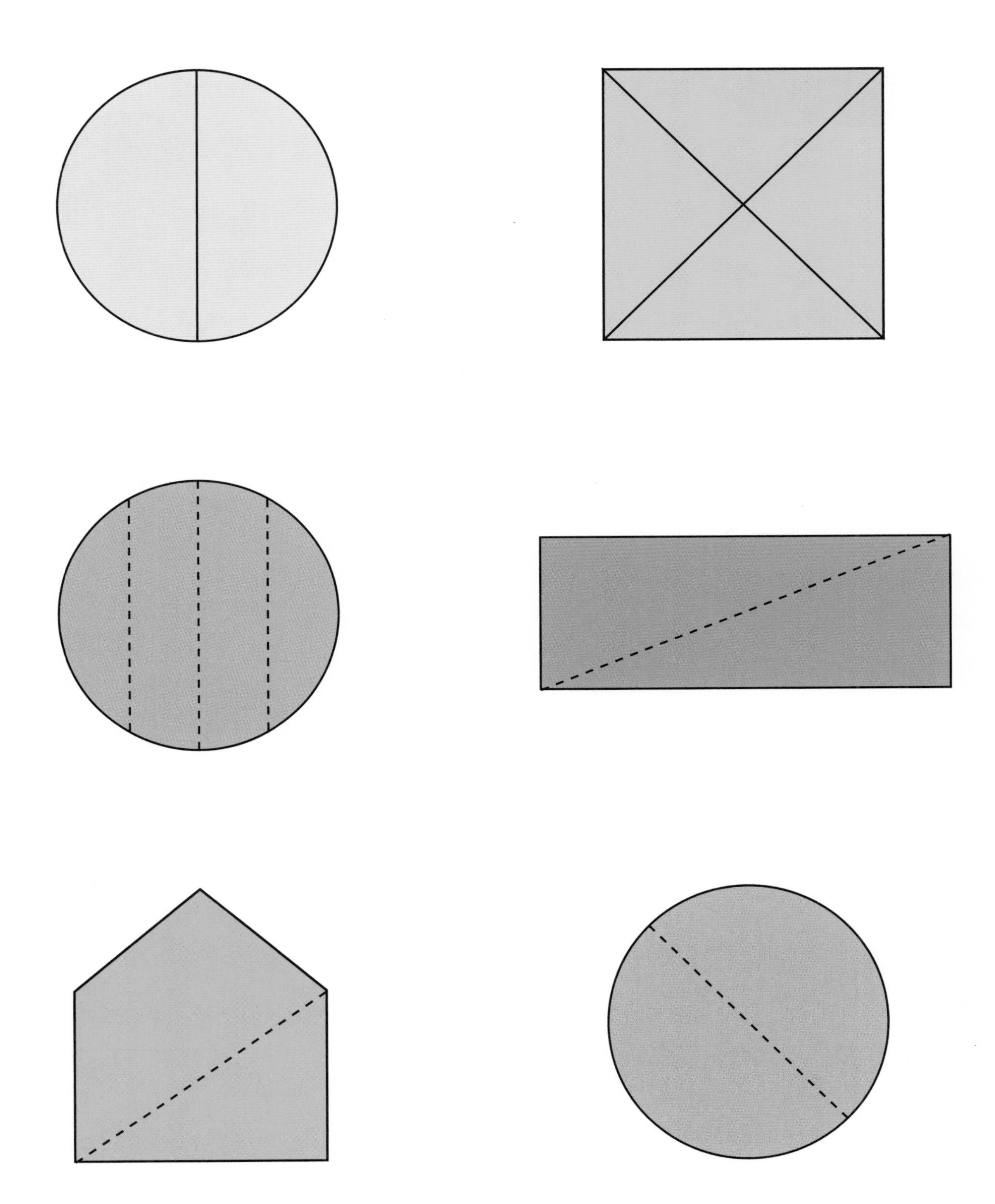

二分之一和四分之一

第2课

准备

你能帮艾略特把一张纸折成相等的两部分吗？

把这张纸折成相等的四部分呢？

举例

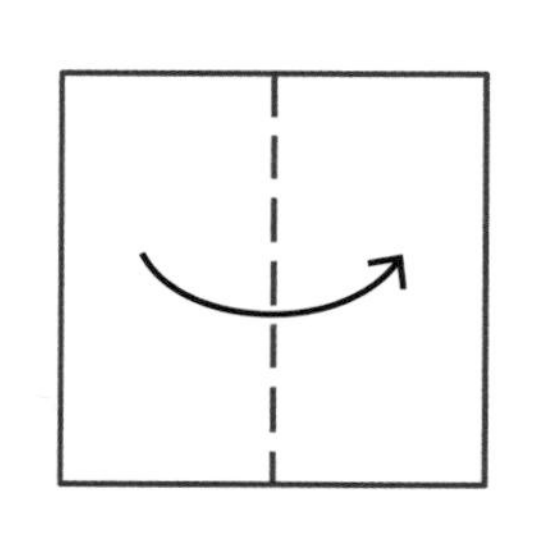

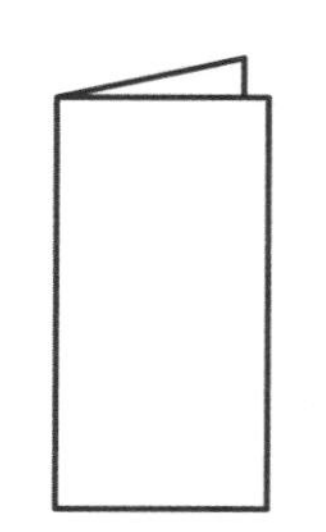

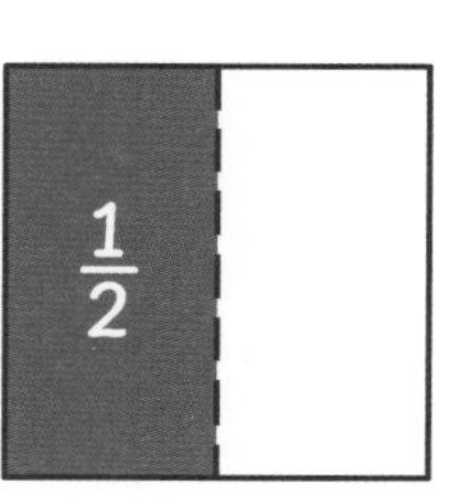

将这张正方形的纸对折，可以看到相等的两部分。

这张纸被分成了相等的两部分，每一部分是整纸张的一半，也是2等份中的1份。

我们将其写成$\frac{1}{2}$，读作二分之一。

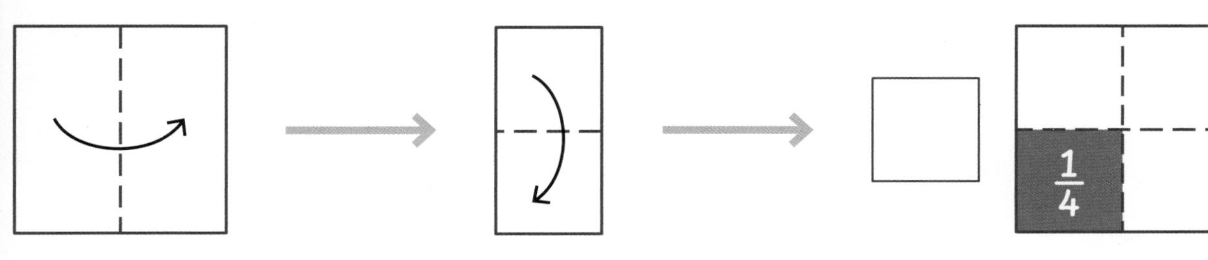

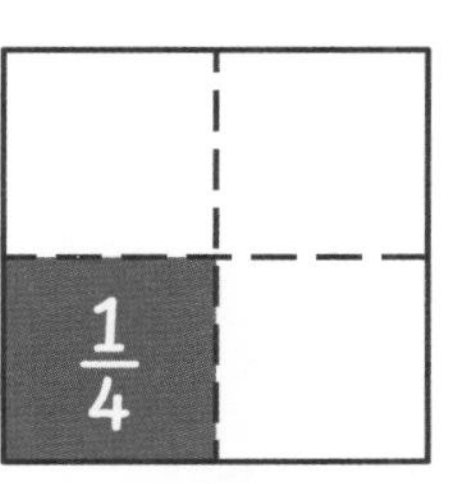

这张纸被分成了相等的四部分。

每一部分是整张纸的 $\frac{1}{4}$，也是4等份中的1份。

我们将其写成 $\frac{1}{4}$，读作四分之一。

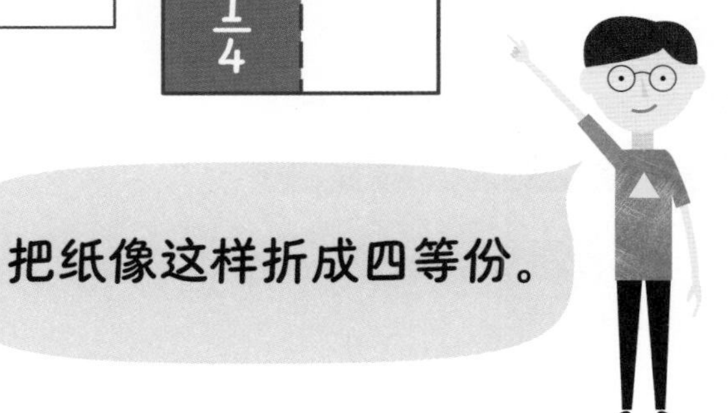

练 习

将以下数字和对应的图形连线。

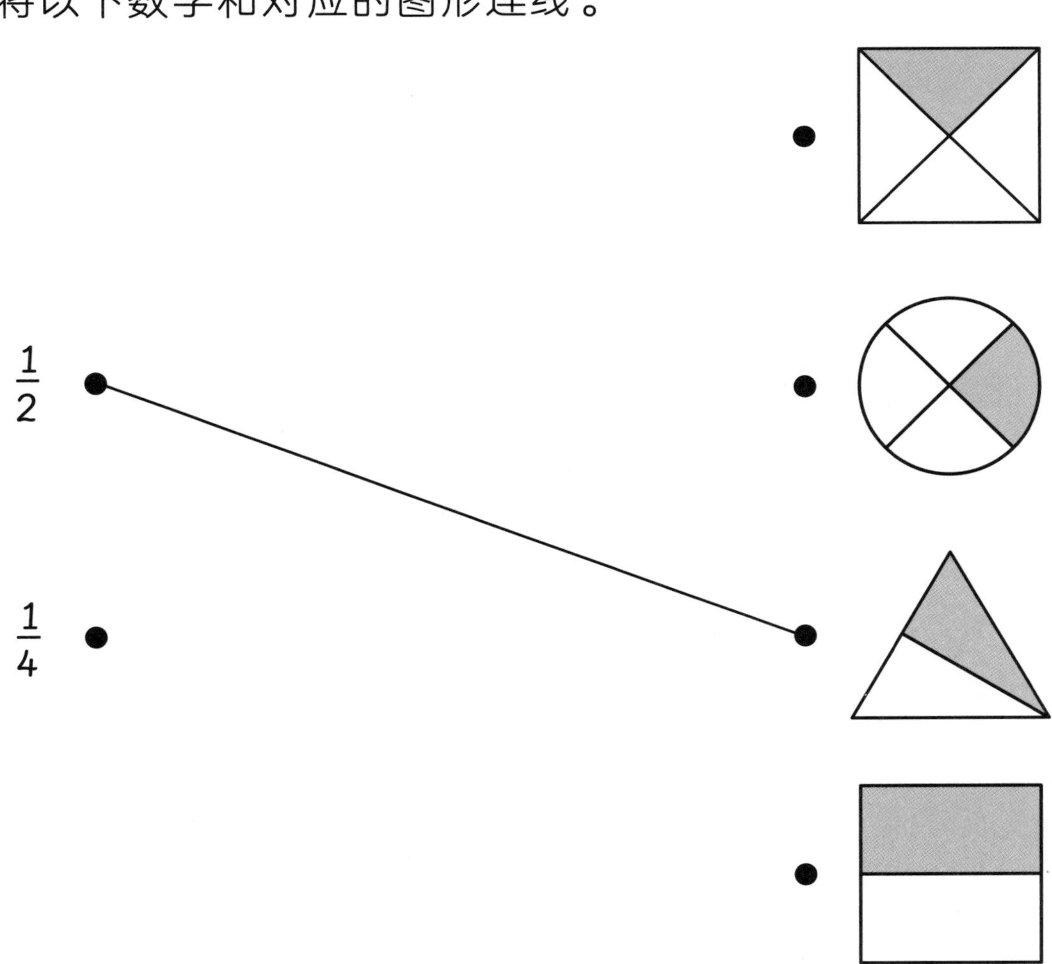

三分之几

第3课

准备

这张纸条的两部分有阴影。

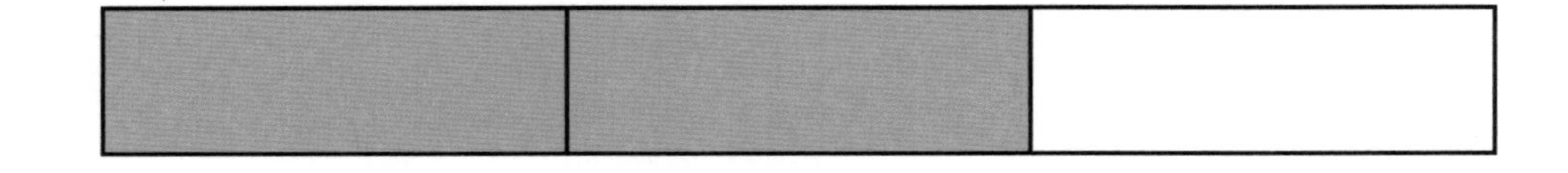

无阴影部分是这张纸条的几分之几？

举例

这张纸条被平均分成三等份，每一部分是三份中的一份。

$\frac{1}{3}$	$\frac{1}{3}$	$\frac{1}{3}$

三份中的一份可以写成$\frac{1}{3}$

三份中的两份可以写成$\frac{2}{3}$

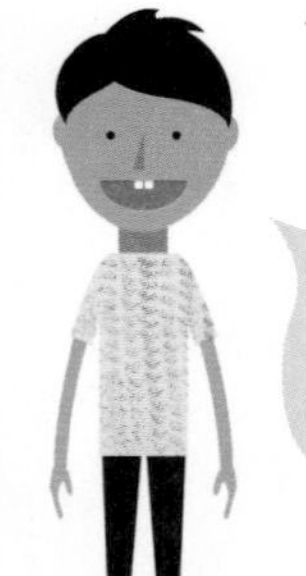

三份中的两份有阴影，三份中的一份无阴影。

这张纸条的$\frac{1}{3}$没有阴影。

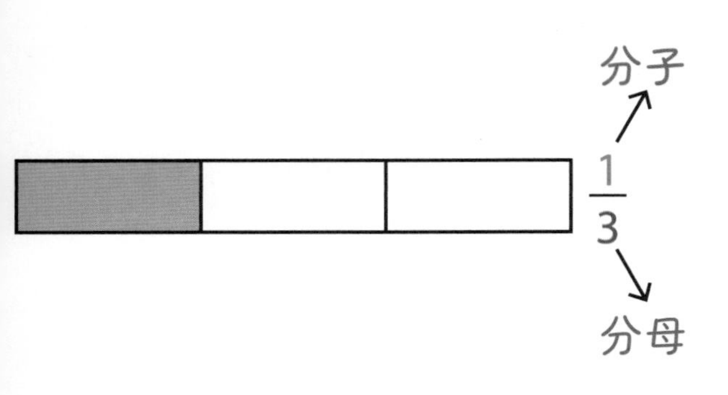

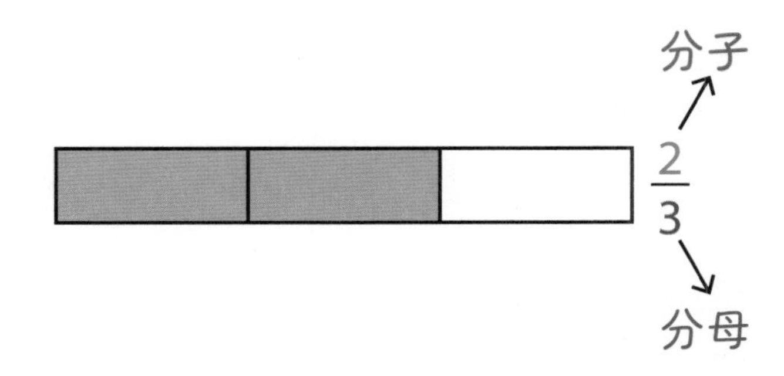

分子表示所占份数。

分母表示整体被平均分成的总份数。

练 习

以下图形的几分之几有阴影？

1

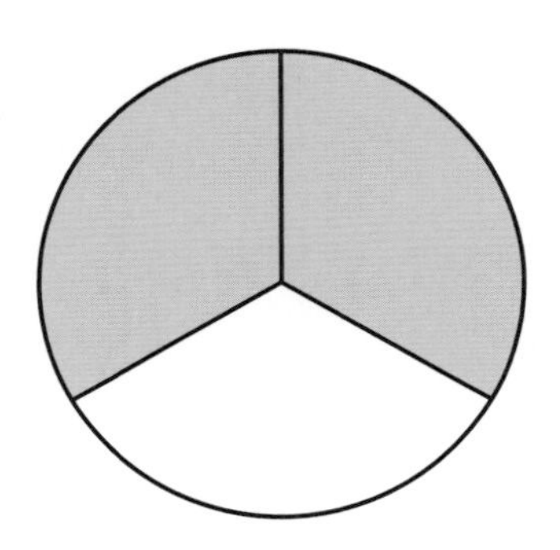

$\frac{\square}{3}$ 三份中的 □

2

$\frac{\square}{3}$ 三份中的 □

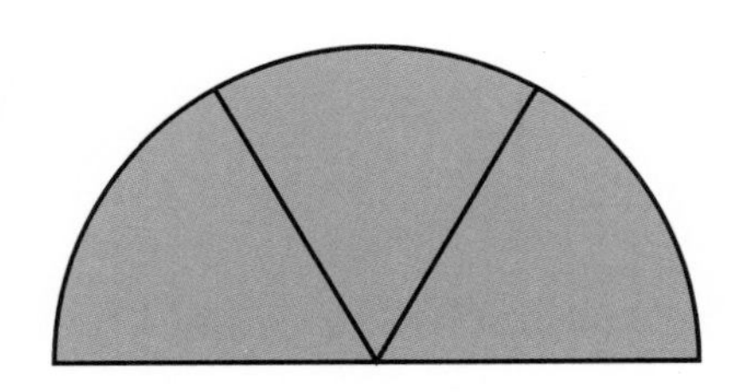

$\frac{\square}{3}$ 三份中的

分数的认识、命名和书写

第4课

准备

这些条形分别有几分之几是有阴影的？

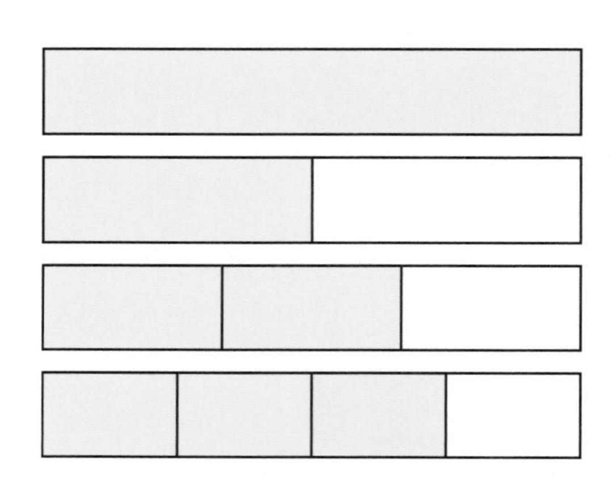

举例

1

$\frac{1}{2}$ $\frac{1}{2}$

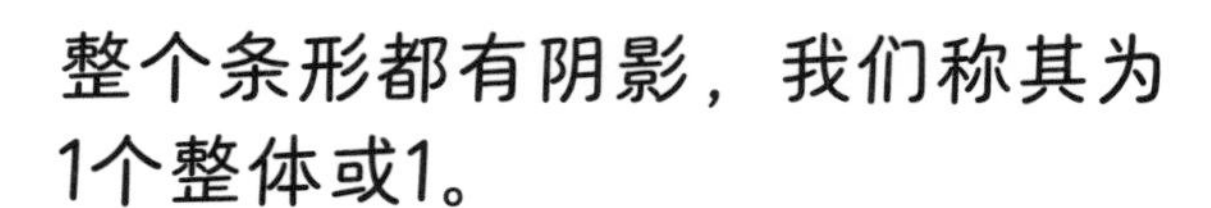

整个条形都有阴影，我们称其为1个整体或1。

这个条形被平均分成了两部分，每部分称为一半，一半有阴影，我们将一半写成$\frac{1}{2}$。

当我们把1个整体分成多个部分时，可以给这些部分命名。但在命名之前，这些部分必须完全相等。

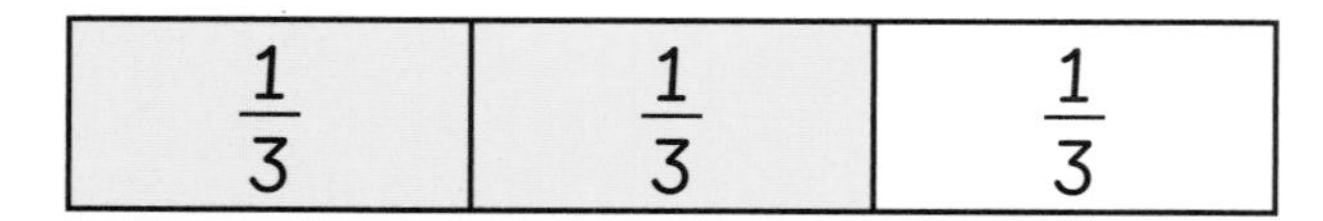

这个条形被平均分成了三部分，称为三份。其中有两份有阴影，我们将三份中的两份写成$\frac{2}{3}$。

$\frac{1}{4}$ $\frac{1}{4}$ $\frac{1}{4}$ $\frac{1}{4}$

这个条形被平均分成了四部分，称为四份。其中有三份有阴影，我们将四份中的三份写成$\frac{3}{4}$。

$\frac{3}{4}$

分子是3，分母是4。

练 习

1 下列图形中的阴影部分占图形的几分之几？

(1)

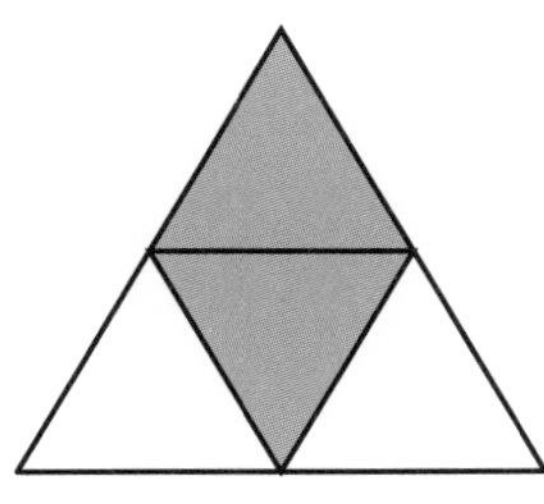

[ ] 份中的  份有阴影。

[ ] 是分子。

[ ] 是分母。

(2)

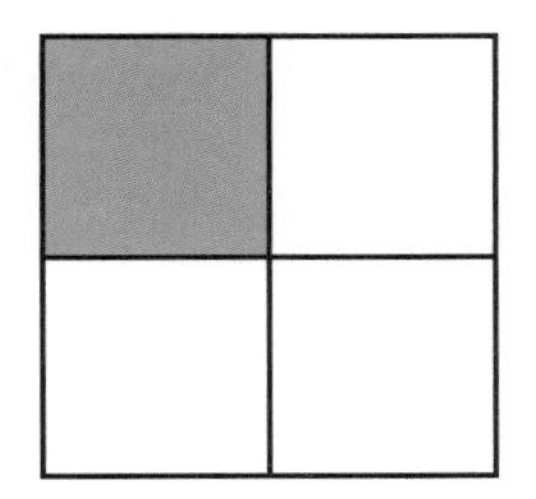

[ ] 份中的  份有阴影。

[ ] 是分子。

[ ] 是分母。

(3)

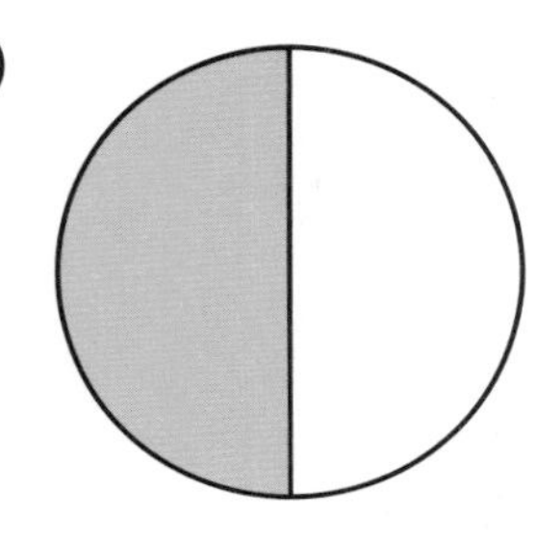

[ ] 份中的  份有阴影。

[ ] 是分子。

[ ] 是分母。

2 下图中，阴影部分占几分之几？无阴影部分占几分之几？

有阴影

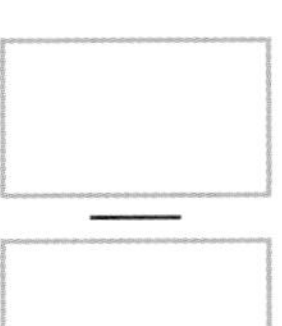

无阴影

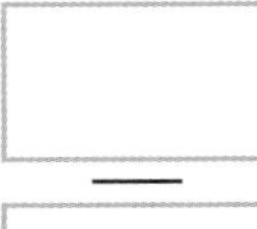

等值分数

准 备

我吃了1块馅饼。

我吃了2块馅饼。

他们吃的馅饼一样多吗？

举例

我把馅饼平均分成两块，每一块都是整个馅饼的$\frac{1}{2}$，我吃了其中的一块。

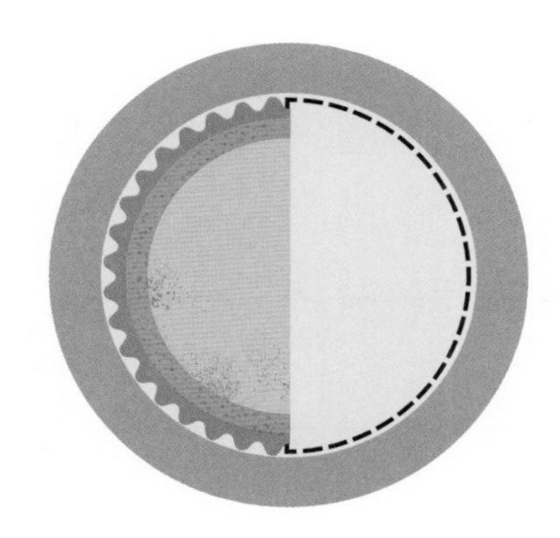

我把馅饼平均分成四块，每一块都是整个馅饼的$\frac{1}{4}$，我吃了其中的两块。

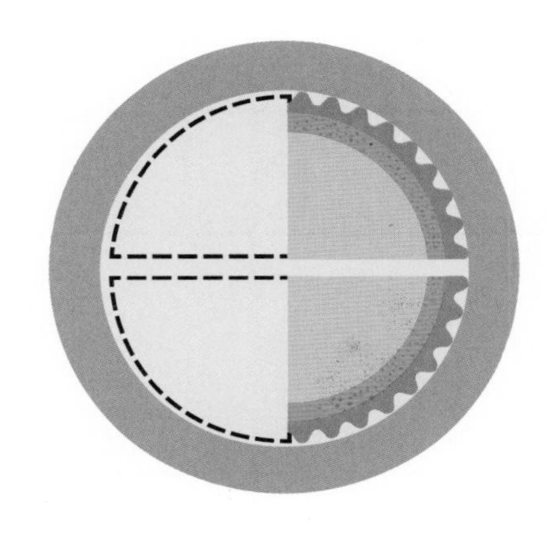

萨姆  和露露  吃了同样多的馅饼。

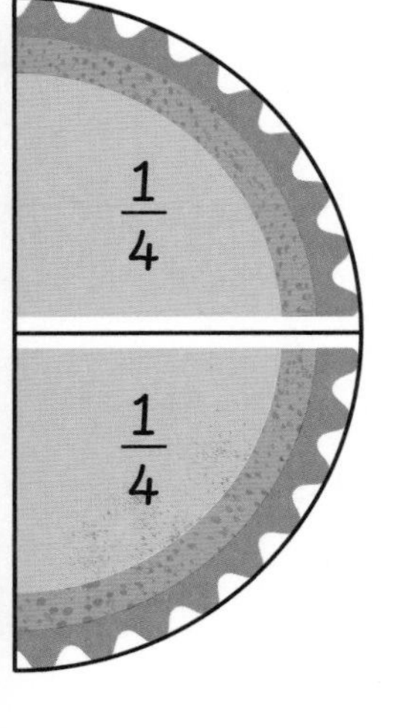

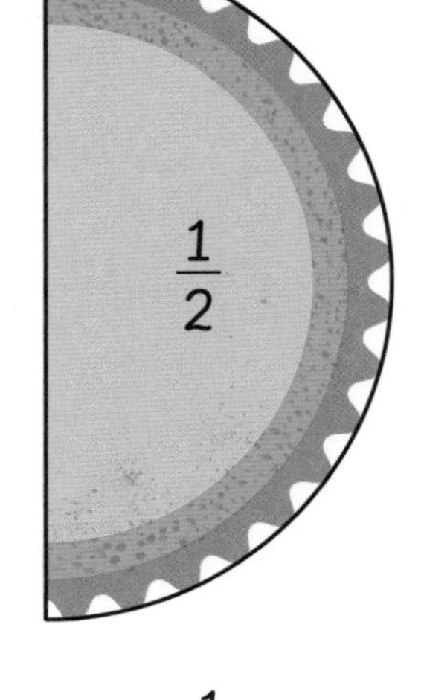

$$\frac{2}{4} = \frac{1}{2}$$

$\frac{2}{4}$的馅饼和$\frac{1}{2}$的馅饼一样多。

练 习

1 将左右两部分连线，使其能拼成1个整体。

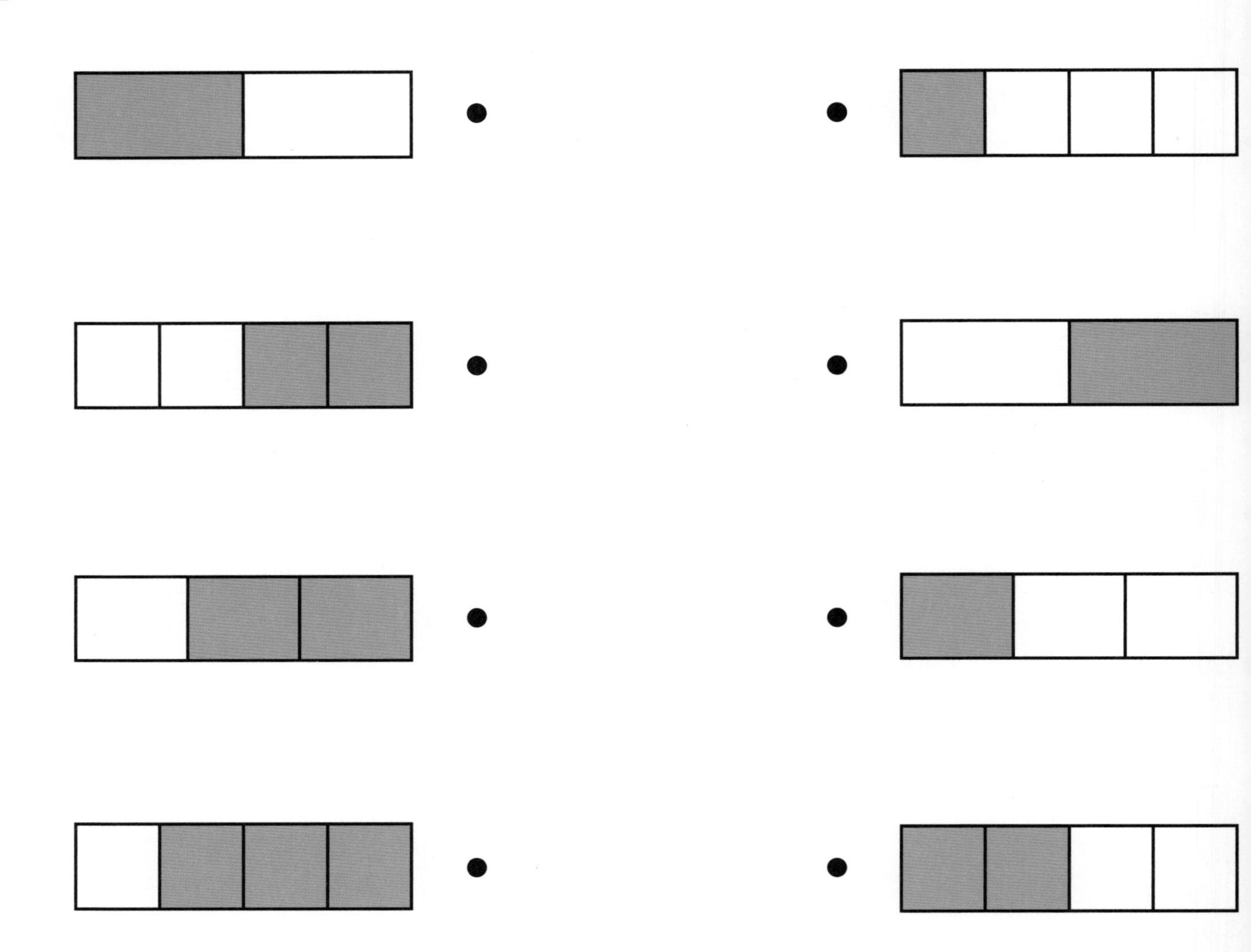

2 看一看，填一填。

1											
$\frac{1}{2}$						$\frac{1}{2}$					
$\frac{1}{3}$				$\frac{1}{3}$				$\frac{1}{3}$			
$\frac{1}{4}$			$\frac{1}{4}$			$\frac{1}{4}$			$\frac{1}{4}$		

(1) $\frac{\square}{2}=1$

(2) $\frac{\square}{3}=1$

(3) $\frac{3}{\square}=1$

(4) $\frac{\square}{4}=1$

(5) $\frac{1}{\square}=\frac{2}{4}$

(6) $\frac{\square}{4}=\frac{1}{2}$

同分母分数的比较

第 6 课

准 备

查尔斯和鲁比将自己的比萨都平均分成四块。

鲁比吃了2块，查尔斯吃了1块。谁吃的比萨更多？

举 例

一块比萨被称为一部分。

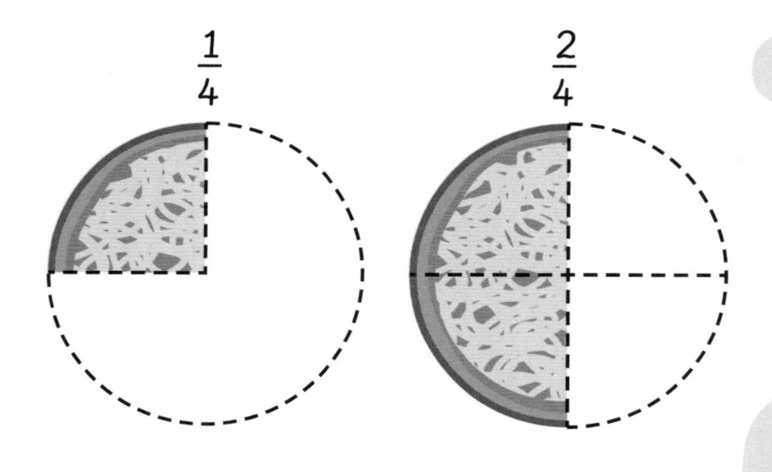

$\frac{2}{4}$大于$\frac{1}{4}$。用 > 表示大于，用 < 表示小于。

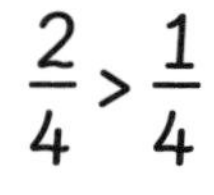

$\frac{2}{4} > \frac{1}{4}$

鲁比吃的比萨比查尔斯多。

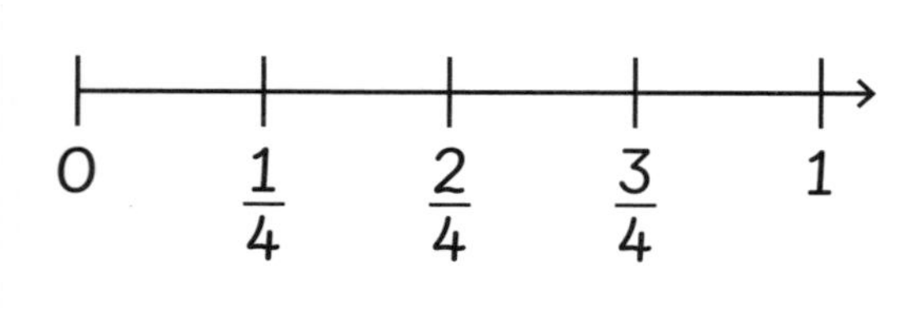

我们也可以在数线上表示分数的大小。

练习

1 画出分数代表的阴影部分并填空。

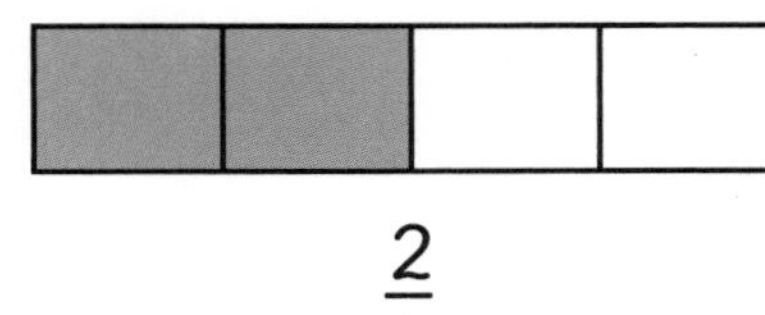

$\frac{1}{4}$

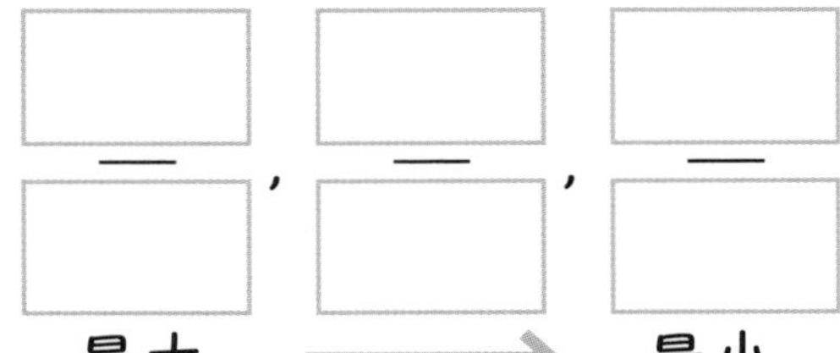

$\frac{3}{4}$

大于

小于

2 按要求给下列分数排序。

(1) 从最大的数开始。

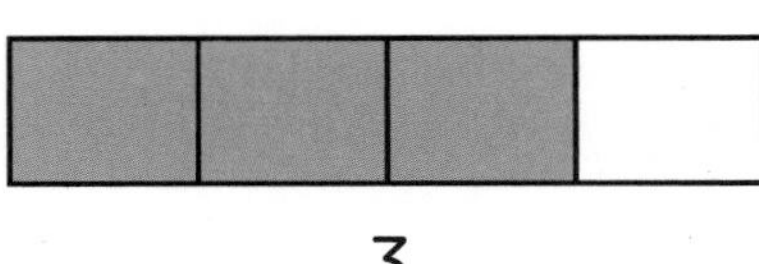

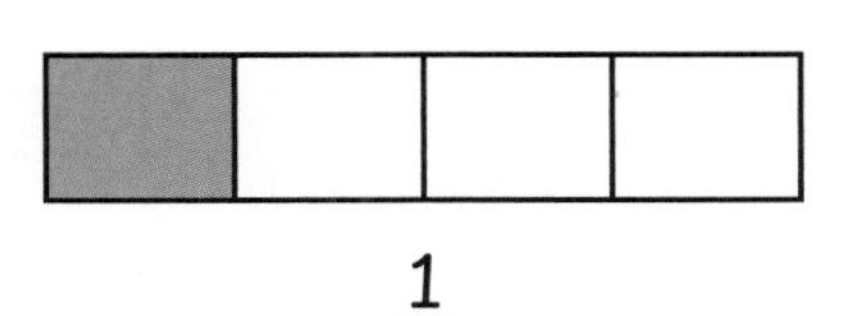

$\frac{2}{4}$ $\frac{3}{4}$ $\frac{1}{4}$

最大  最小

(2) 从最小的数开始。

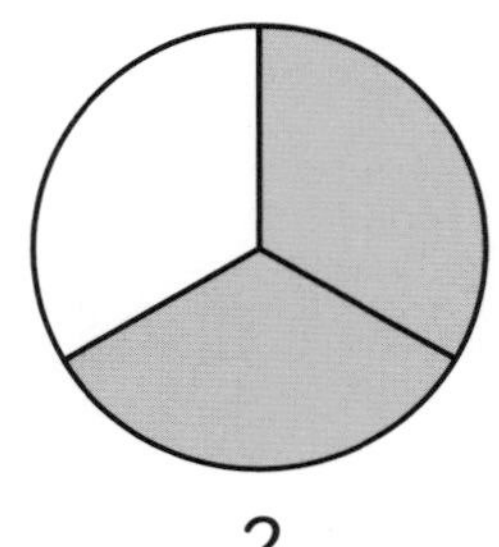

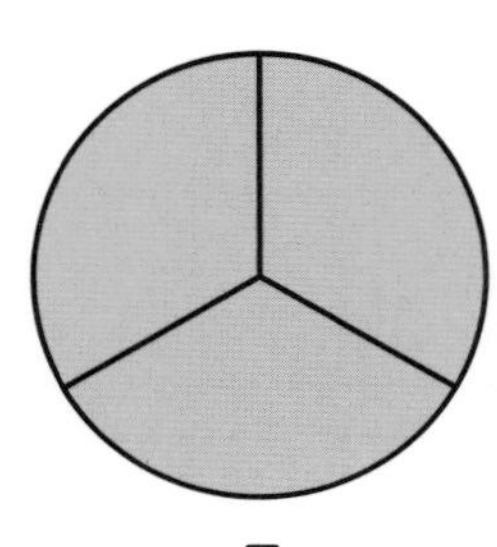

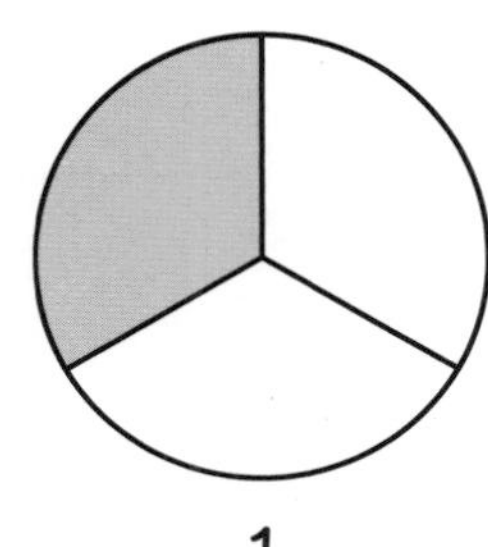

$\frac{2}{3}$ $\frac{3}{3}$ $\frac{1}{3}$

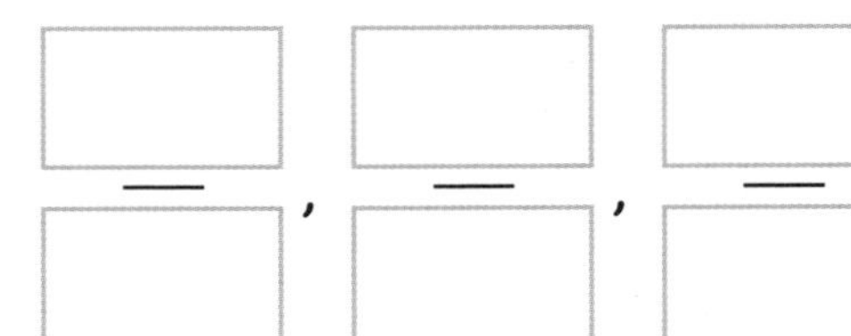

最小  最大

异分母分数的比较

第 7 课

准备

我认为$\frac{1}{3}$大于$\frac{1}{2}$。

我不同意。我认为$\frac{1}{2}$大于$\frac{1}{3}$。

谁是对的？

举例

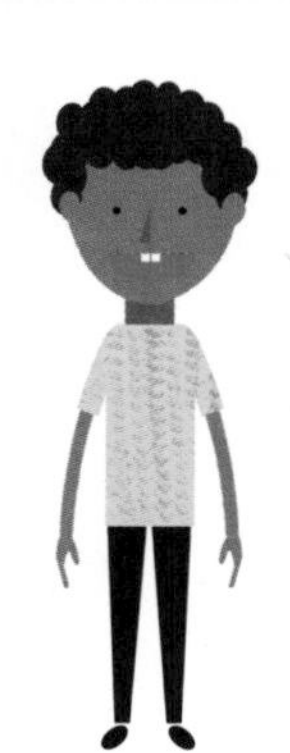

我画数线比大小。

0　$\frac{1}{3}$　$\frac{2}{3}$　1

0　$\frac{1}{2}$　1

$\frac{1}{2}$	$\frac{1}{2}$

$\frac{1}{3}$	$\frac{1}{3}$	$\frac{1}{3}$

我用纸条比大小。

艾略特  是对的。

$\frac{1}{2} > \frac{1}{3}$

二分之一大于三分之一。

练 习

1 比一比，用 > 或 < 填空。

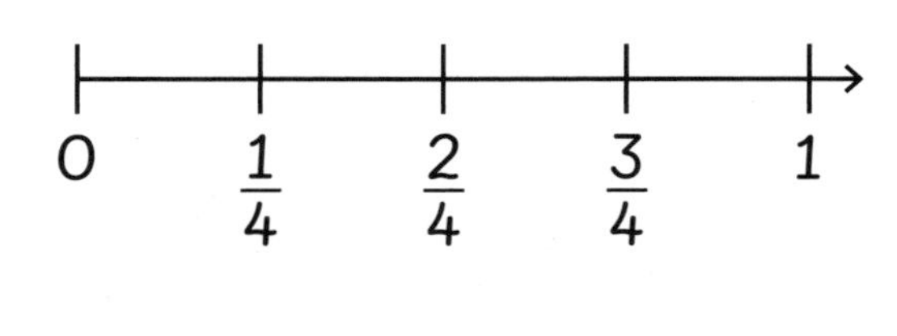

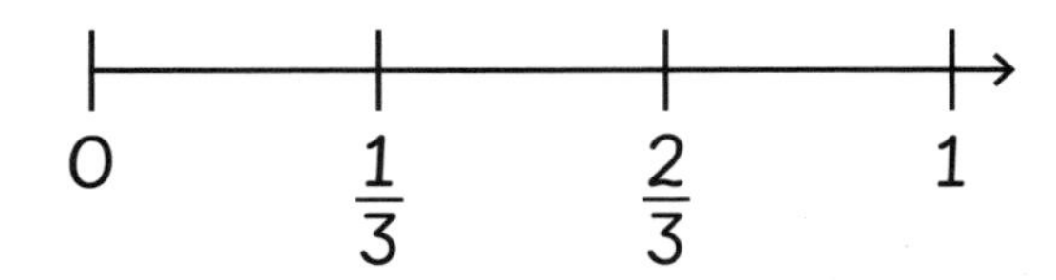

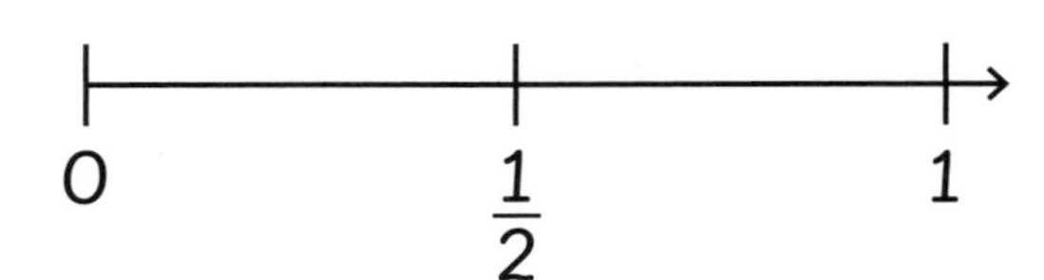

(1) $\frac{1}{4}$ □ $\frac{1}{2}$　　(2) $\frac{1}{3}$ □ $\frac{1}{4}$　　(3) $\frac{1}{3}$ □ $\frac{1}{2}$

2 将下列分数按照从小到大的顺序排列。

$\frac{1}{4}$

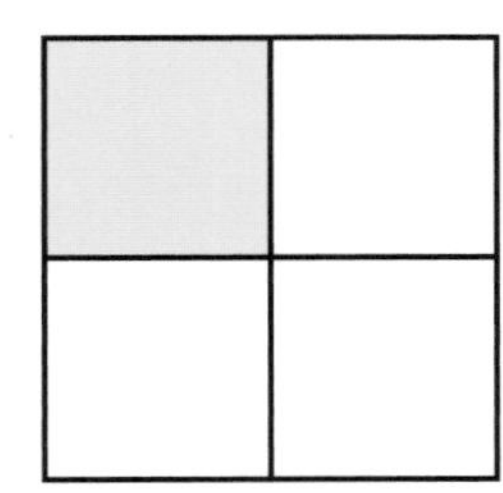

$\frac{1}{2}$

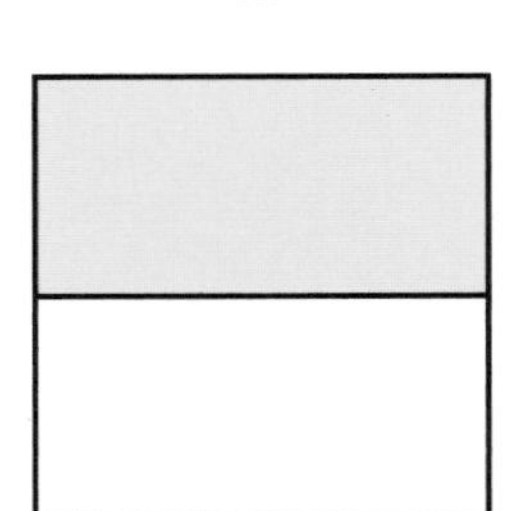

$\frac{1}{3}$

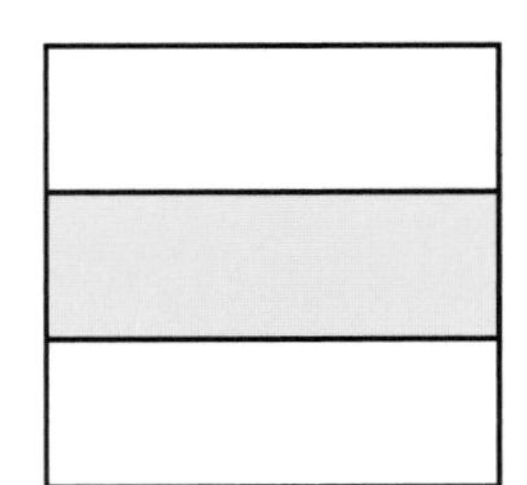

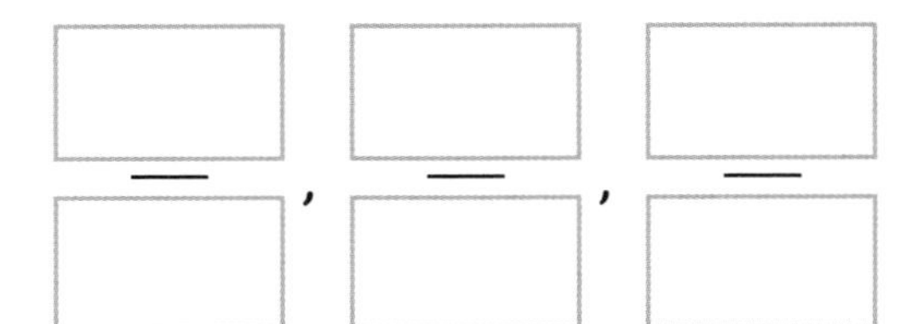

最小 → 最大

整数和分数

准备

拉维和艾玛想平分3个松饼，他们每个人能分到多少？

举例

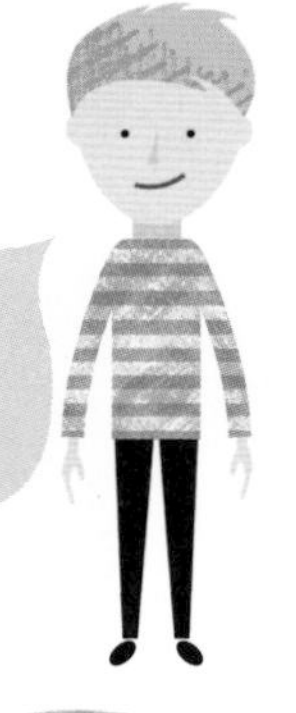

每人先分得一整个松饼。

然后再分得$\frac{1}{2}$个松饼。

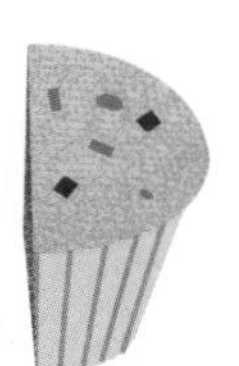

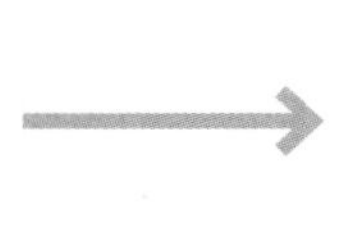

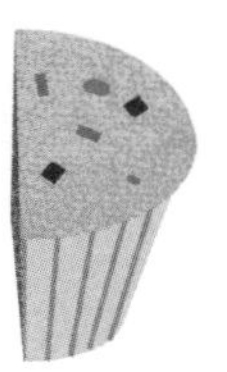

他们都分得了一个加半个松饼。

所以他们都分得了$1\frac{1}{2}$个松饼。

练 习

数一数条形的数量，并填空。

这是一个条形。

1

2

3

4

2做分母带分数的计算

第 9 课

准备

萨姆和妈妈为学校野餐买了一些西瓜。

算一算，他们一共买了多少西瓜？

举例

这是一整个西瓜，他们买了两整个。

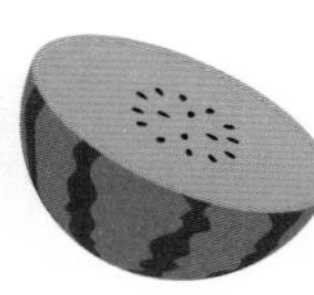

这是一个西瓜的一半，他们买了半个。

他们买了$2\frac{1}{2}$个西瓜，读作二又二分之一个西瓜。

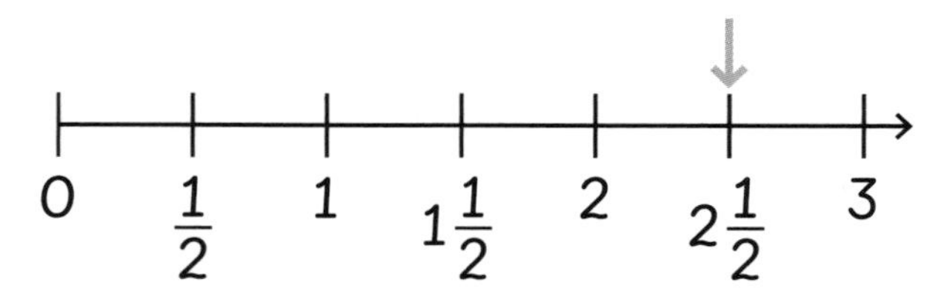

$2\frac{1}{2}$在数线上的这个位置。

练 习

1 算一算有多少个条形？填一填。

(1)

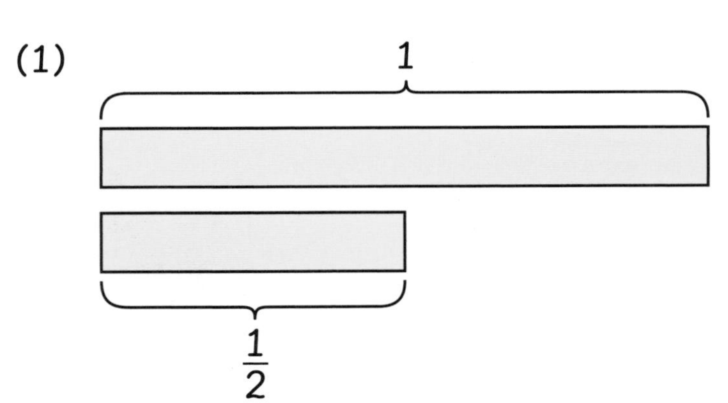

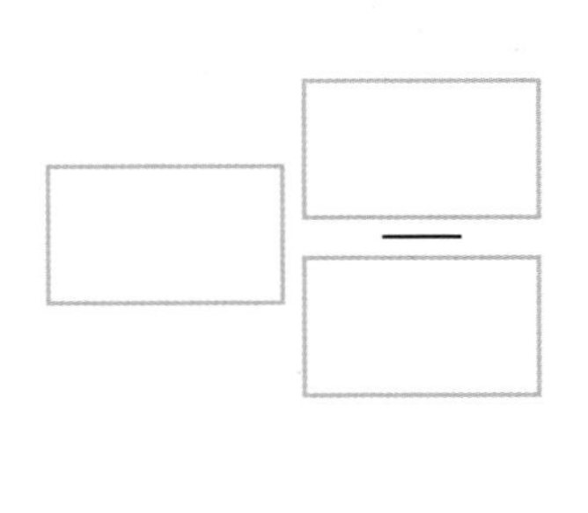

(2)

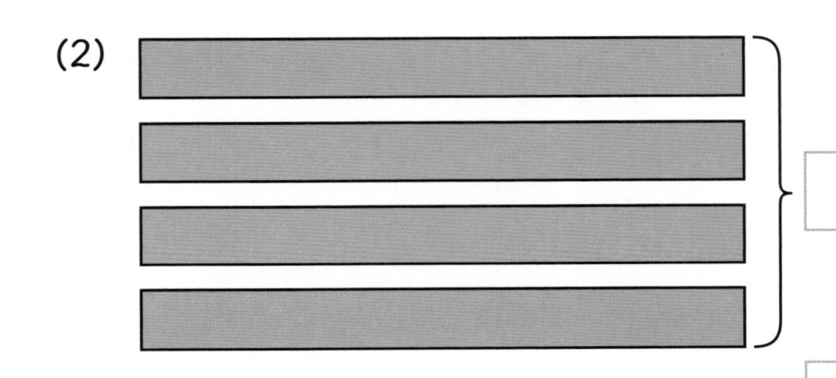

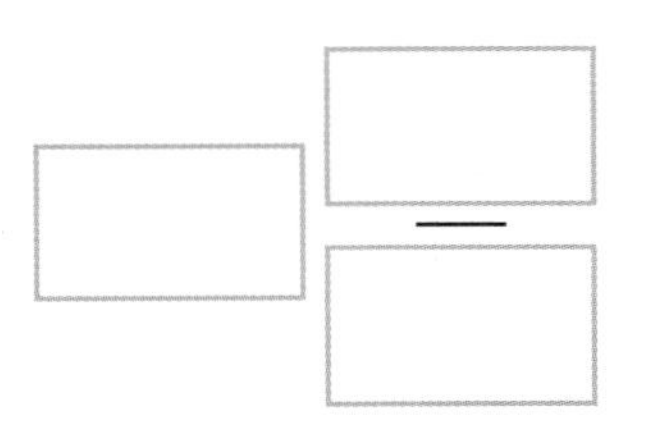

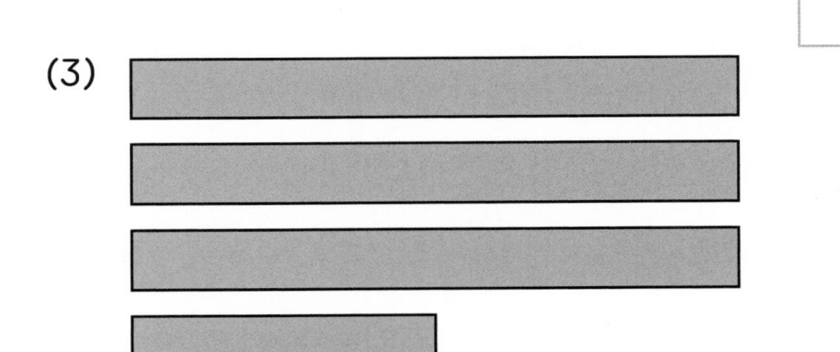

(3)

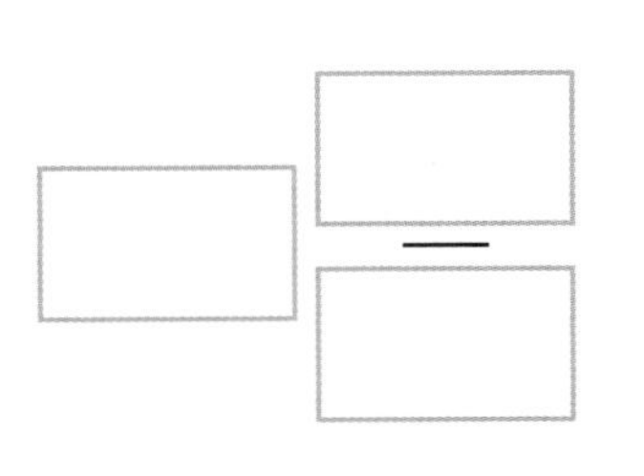

2 填一填。

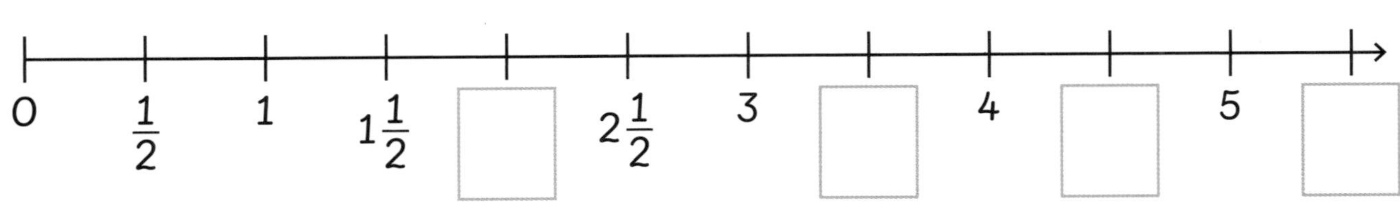

4做分母带分数的计算

第10课

准备

结束营业时，水果摊上还剩多少西瓜？

举例

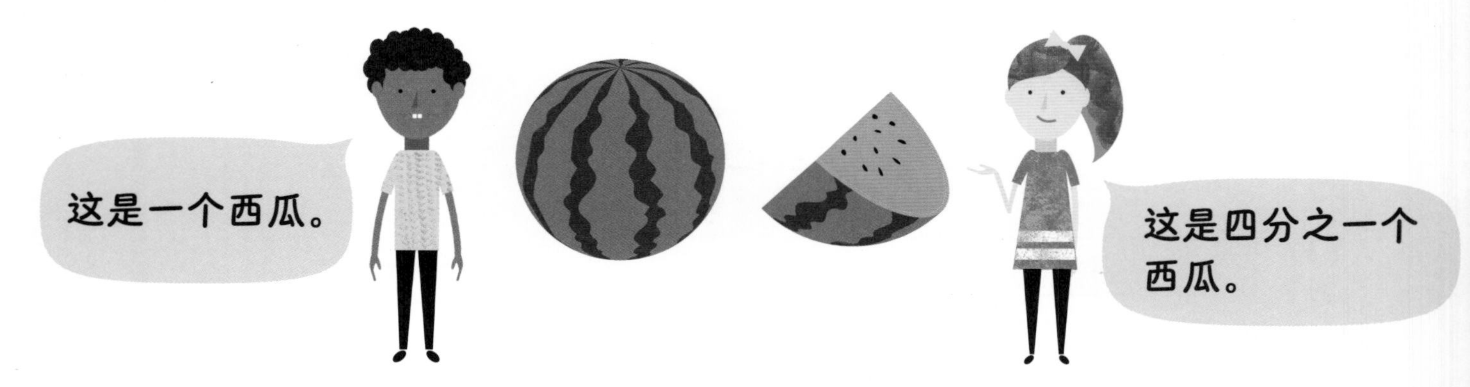

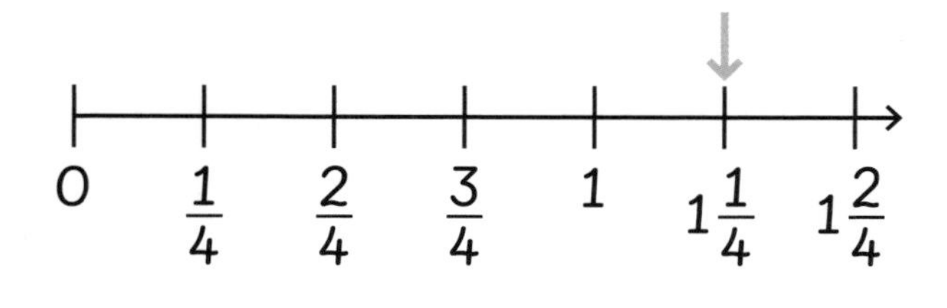

水果摊上还剩$1\frac{1}{4}$个西瓜。

练 习

1 算一算有多少个条形？填一填。

(1)

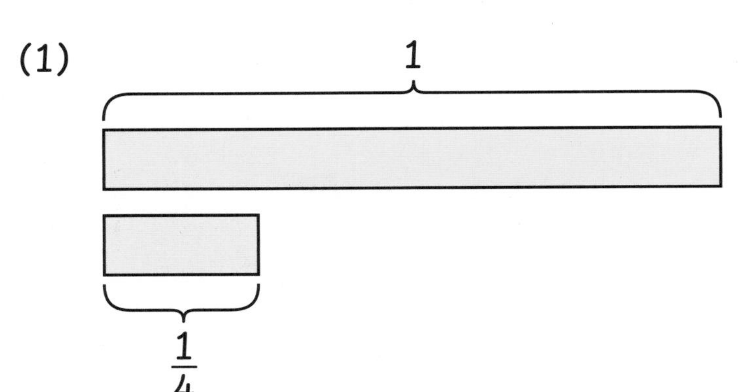

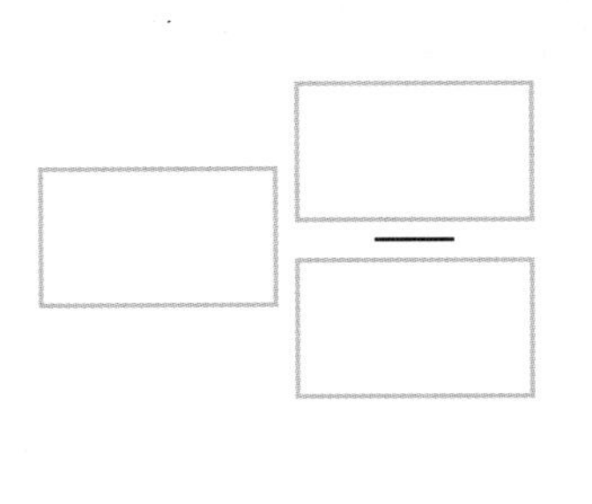

(2)

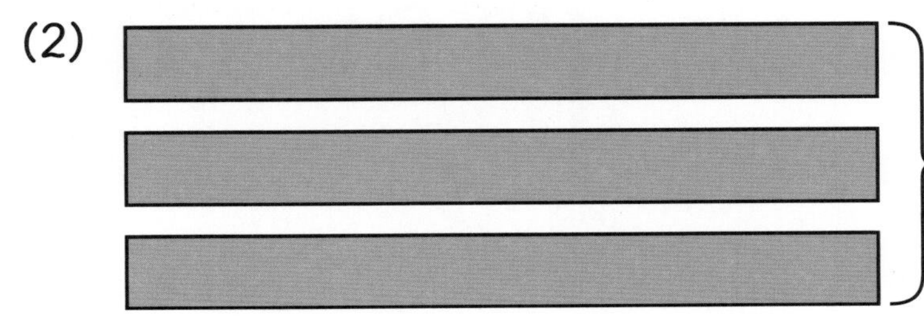

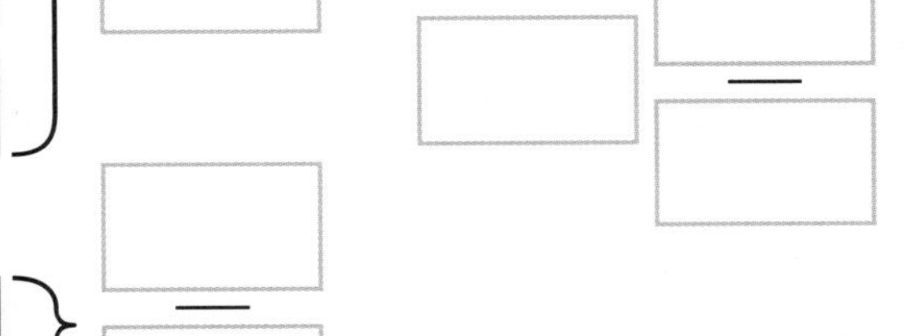

(3)

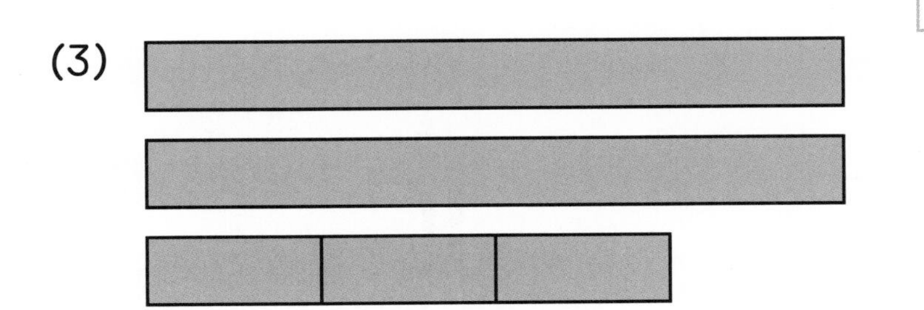

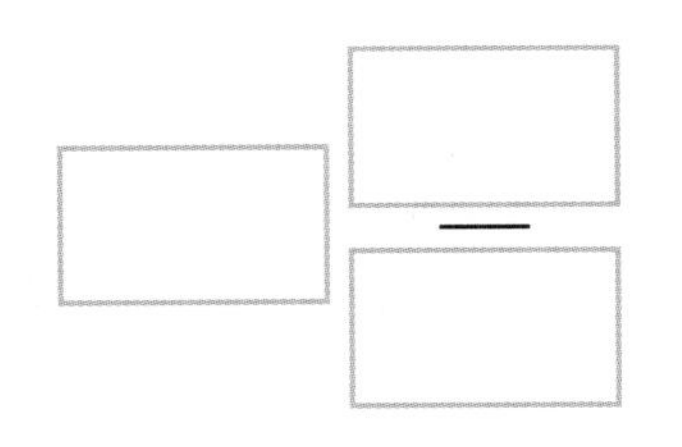

2 填一填。

(1)

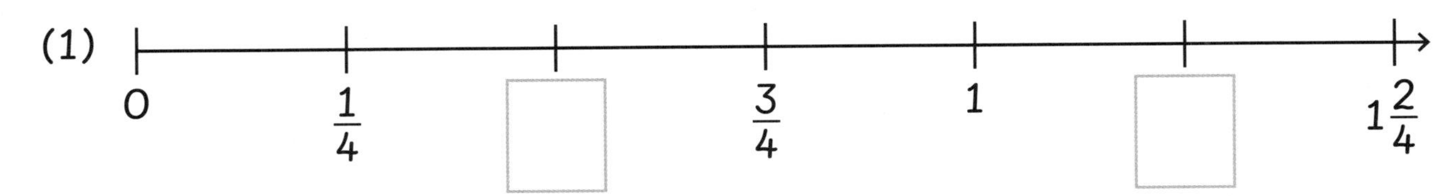

(2)

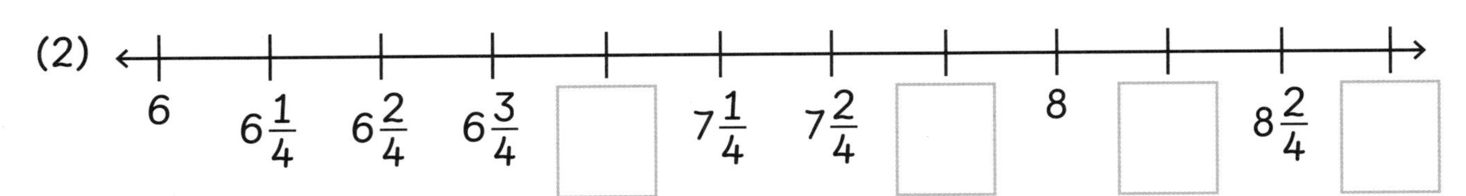

3做分母分数的计算

准备

这是厨师做比萨所需的芝士。

厨师做比萨用了多少块芝士呢？

举例

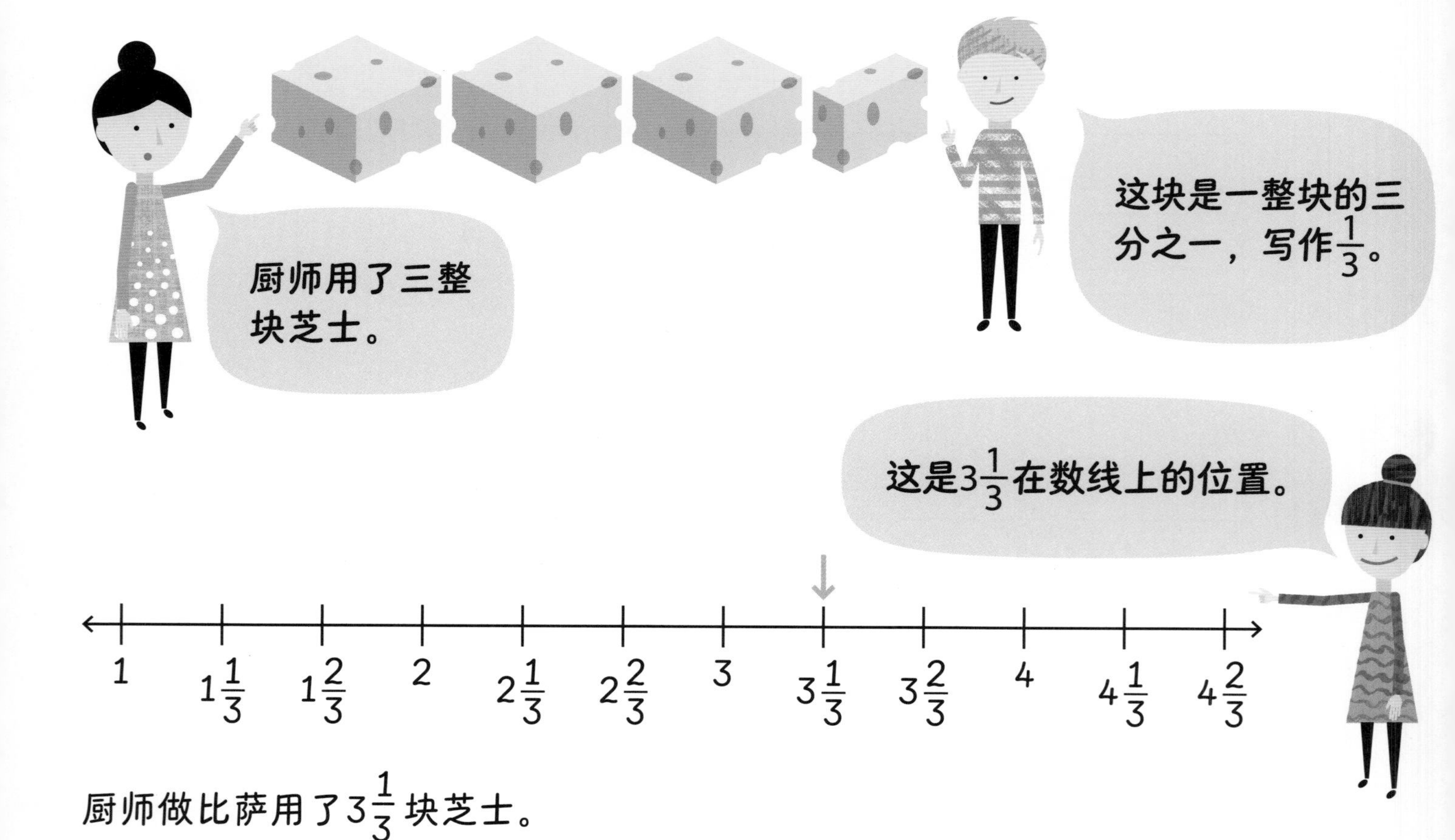

厨师做比萨用了$3\frac{1}{3}$块芝士。

练 习

1 算一算有多少个条形？填一填。

(1)

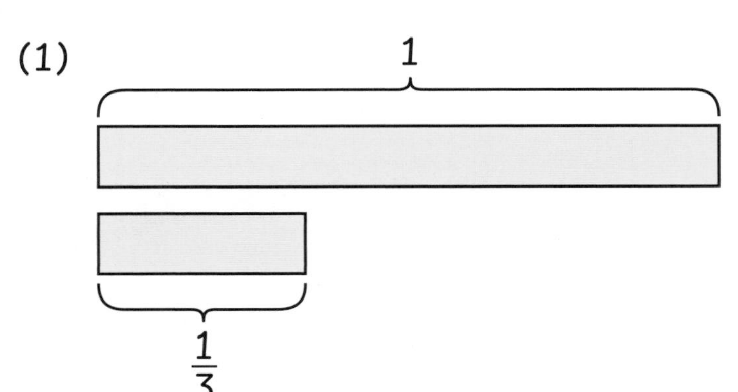

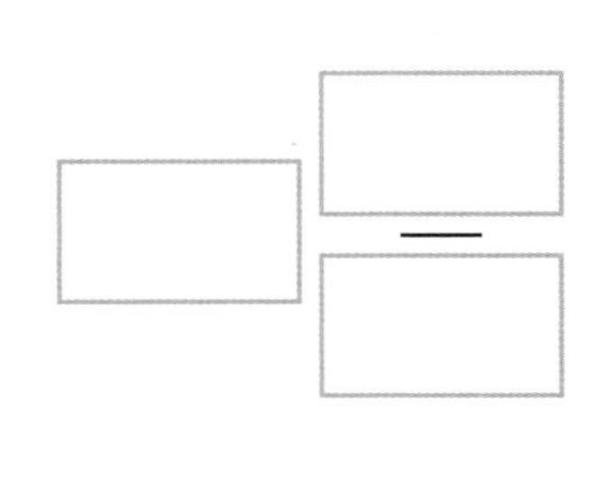

(2)

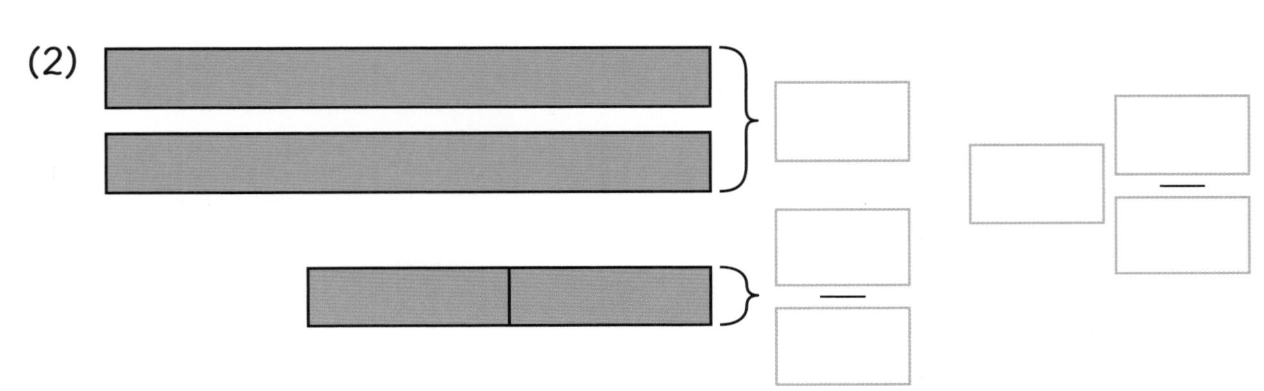

(3)

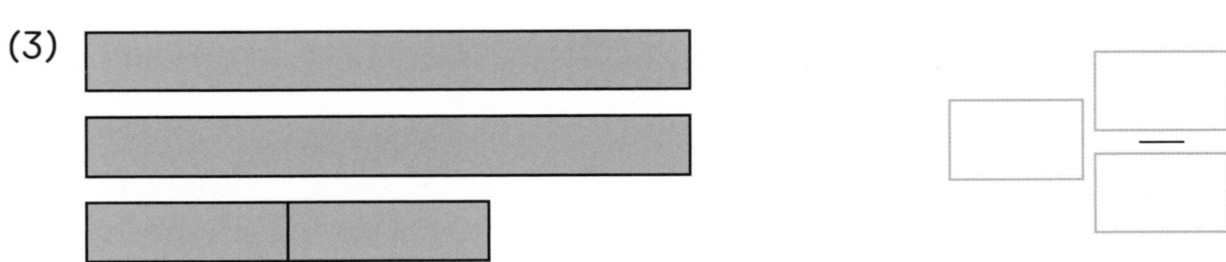

2 填一填。

(1)

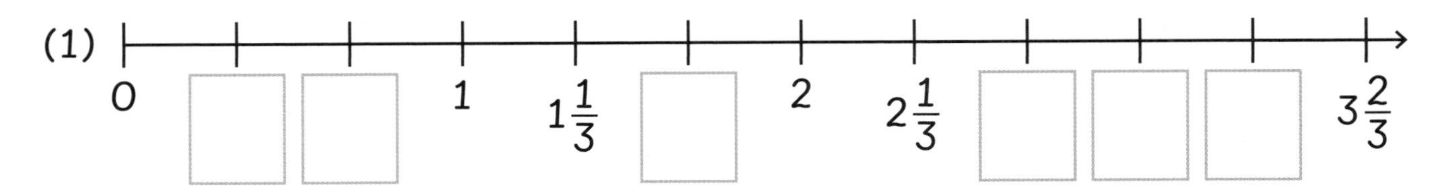

(2)

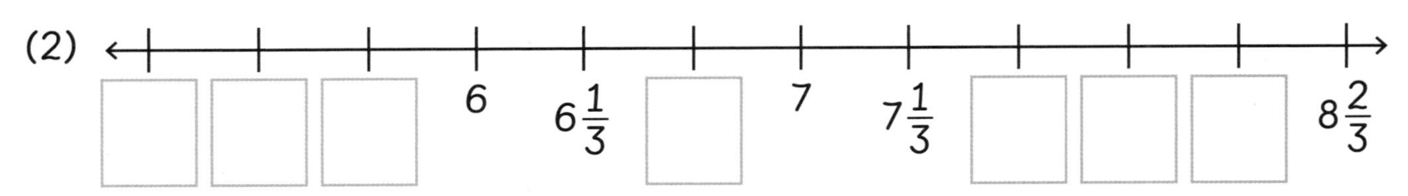

整数的二分之一

第12课

准备

这板巧克力的一半有几块？

举例

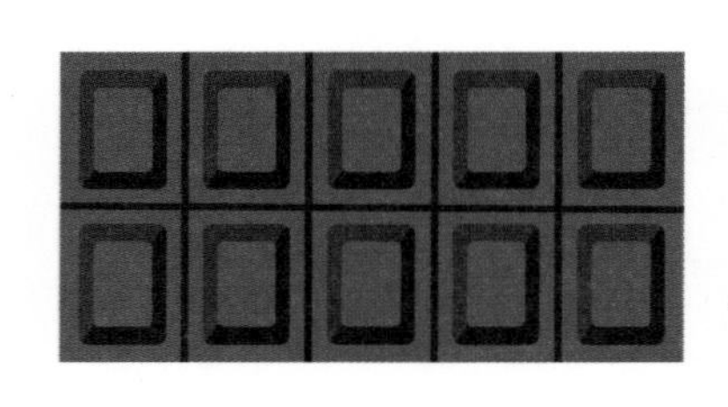

整板巧克力有10块。

这板巧克力的一半就是总块数的一半。

10的$\frac{1}{2}$是5。

这板巧克力的一半有5块。

练 习

填一填。

1

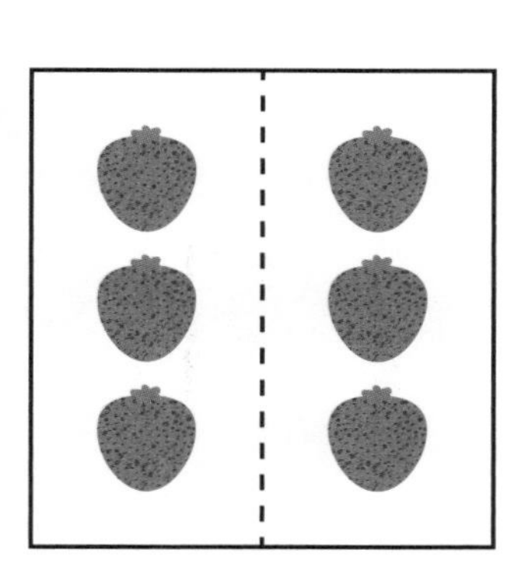

6的$\frac{1}{2}$ = □

2

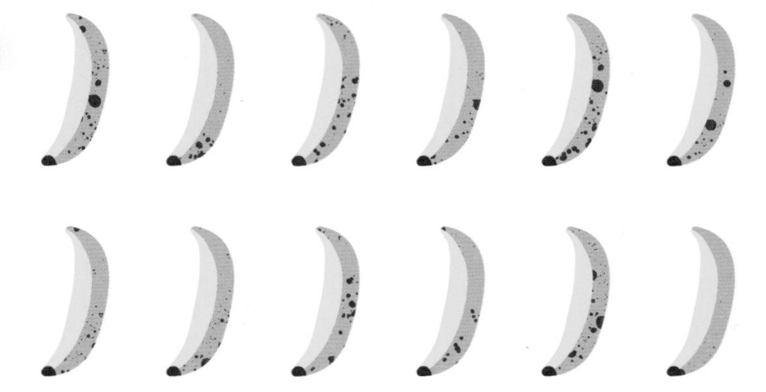

12的$\frac{1}{2}$ = □

3

4的$\frac{1}{2}$ = □

4

30的$\frac{1}{2}$ = □

整数的三分之一

准备

小朋友们每人分得这块草莓蛋糕的$\frac{1}{3}$。

他们每人能吃到多少个草莓？

举例

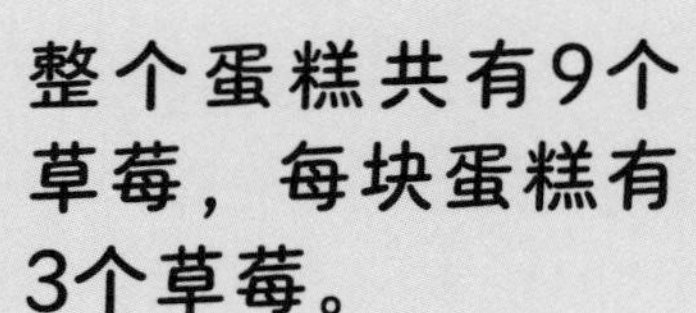

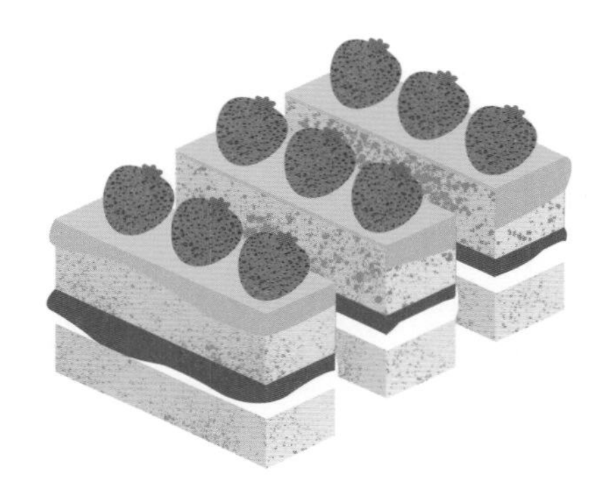

9的$\frac{1}{3}$是3。

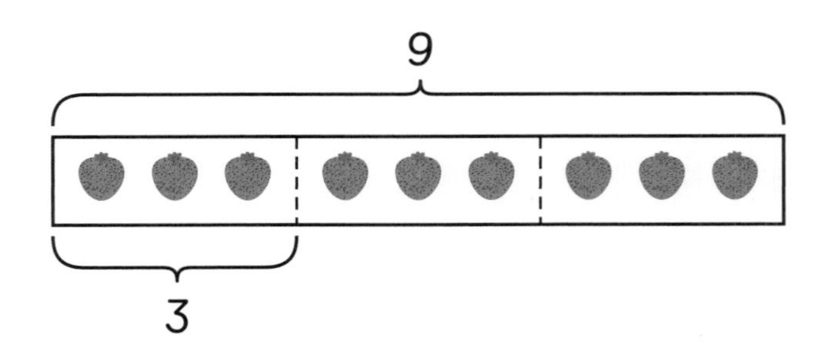

每个小朋友能吃到3个草莓。

练 习

填一填。

12的$\frac{1}{3}$ = □

2

15的$\frac{1}{3}$ = □

3

12的$\frac{1}{3}$ = □

4

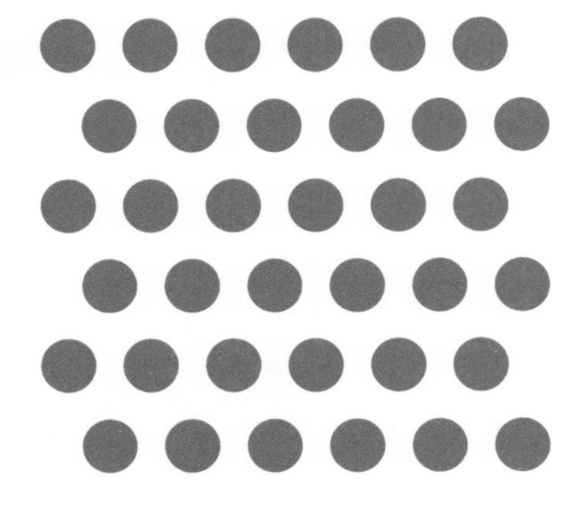

36的$\frac{1}{3}$ = □

整数的四分之一

第14课

准备

总共有36个计数器，每一组计数器的颜色都相同。

黄色的计数器有多少个？

举例

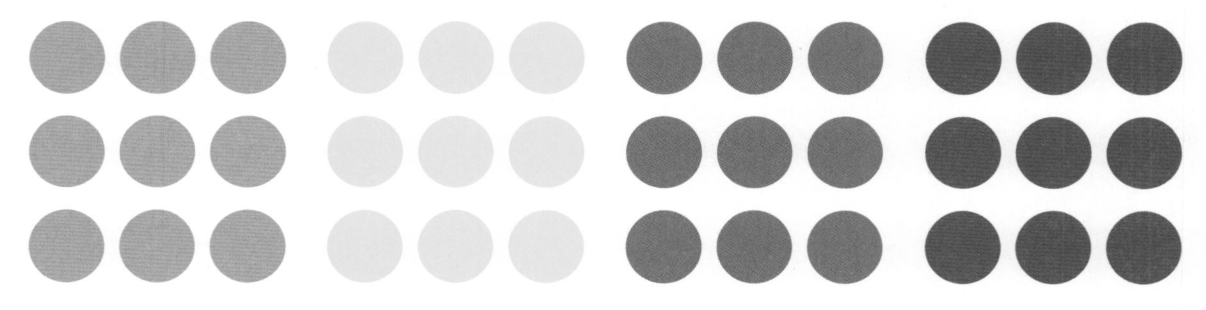

总共有36个计数器，其中有四分之一的计数器是黄色的。

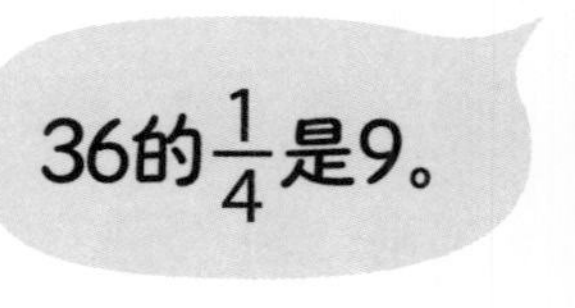

黄色的计数器有9个。

练 习

连一连。

12的$\frac{1}{4}$	10
8的$\frac{1}{4}$	2
4的$\frac{1}{4}$	3
40的$\frac{1}{4}$	8
32的$\frac{1}{4}$	1

分数和度量

第15课

准 备

阿米拉三岁妹妹的身高只有爸爸的一半，爸爸的身高是2米。

阿米拉的妹妹身高是多少米

举 例

阿米拉爸爸的身高是2米，2米的一半是1米。

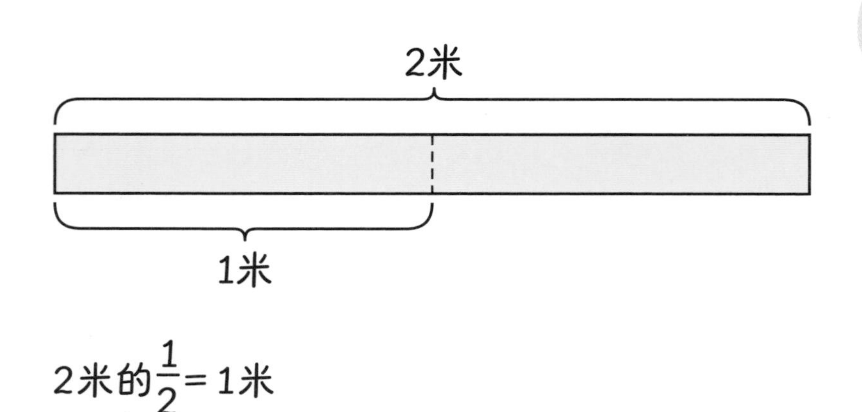

2米的$\frac{1}{2}$= 1米

练 习

解出下列文字应用题并填空。

1 轿车的长度是卡车长度的 $\frac{1}{4}$，卡车长16米，轿车的长度是多少米？

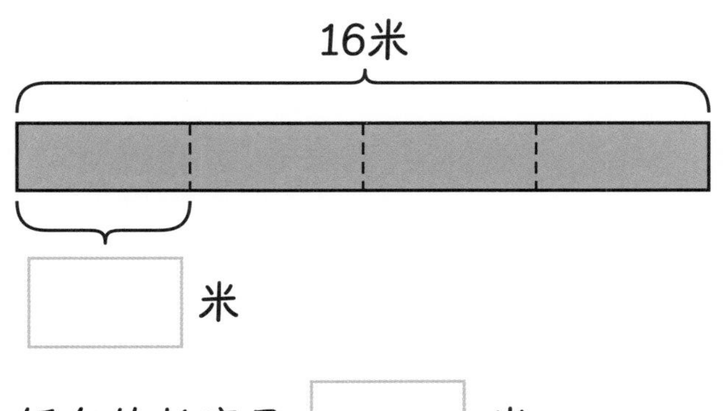

16米的$\frac{1}{4}$ = ☐ 米

轿车的长度是 ☐ 米。

2 雅各布和爸爸去购物，他们买了一件夹克衫、一条裤子和一件T恤衫。

(1) 夹克衫的价格是48元，裤子的价格是夹克衫的一半。裤子的价格是多少？

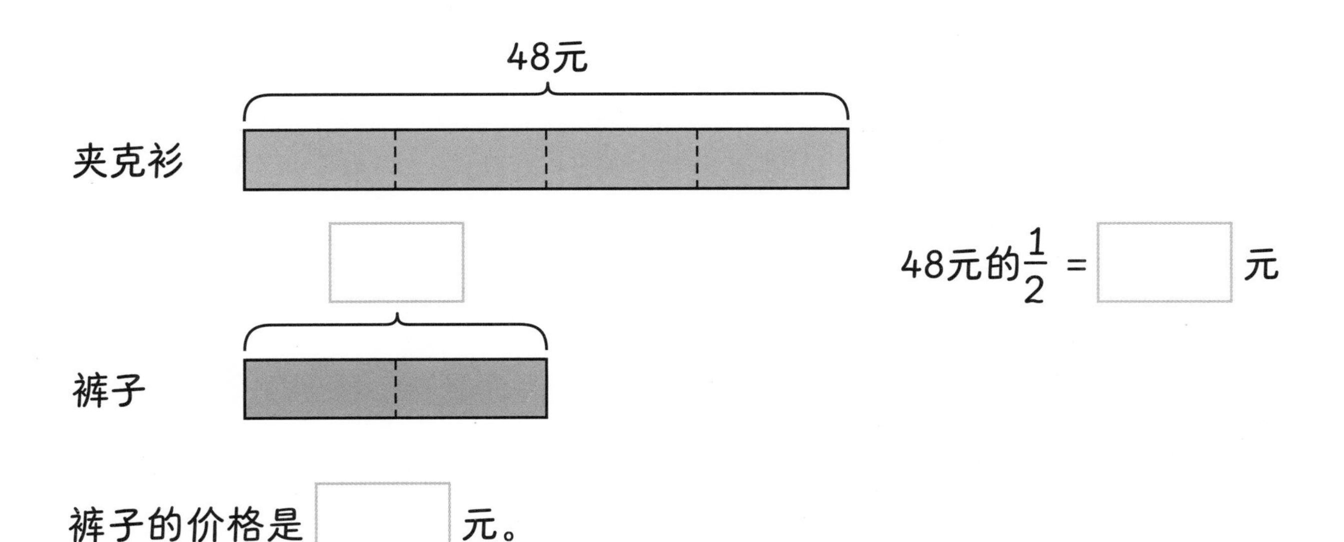

裤子的价格是 ☐ 元。

(2) T恤衫的价格是裤子的一半，T恤衫的价格是多少？

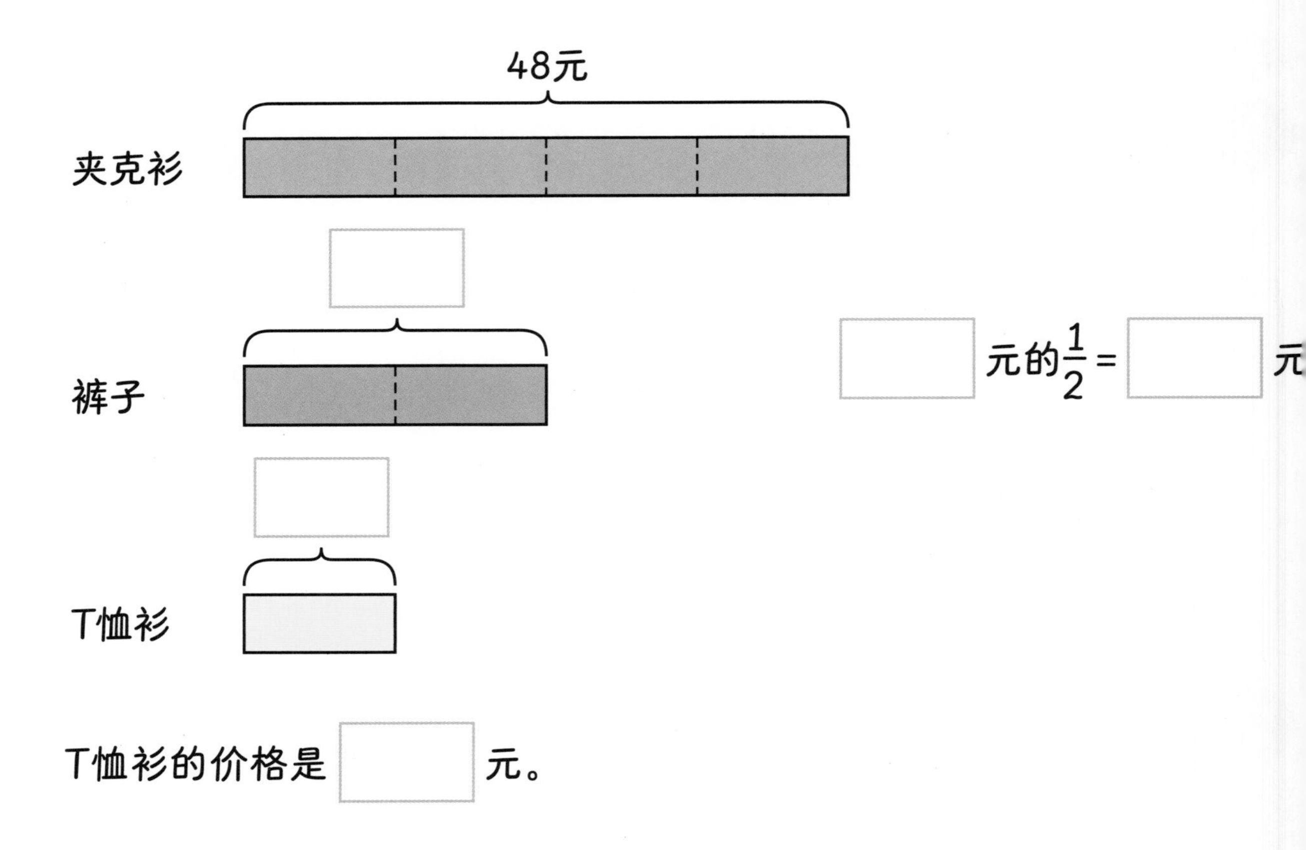

T恤衫的价格是 ______ 元。

3 露露4点钟开始做作业，4点半做完作业。她做作业的时长是姐姐的一半。

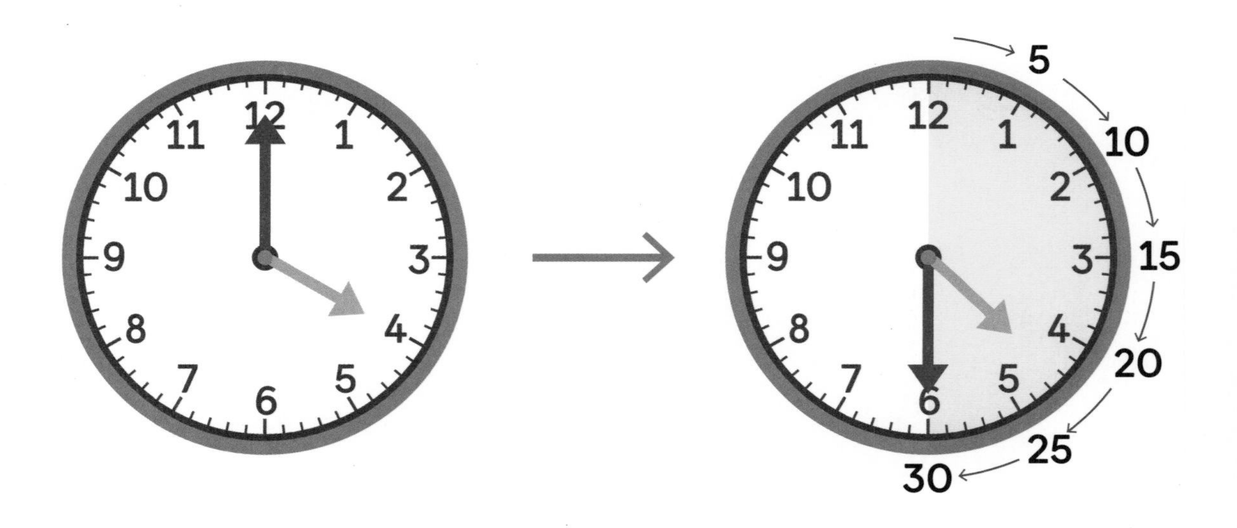

露露的姐姐花了多长时间做作业？

露露的姐姐花了 ______ 做作业。

4 看一看，填一填。

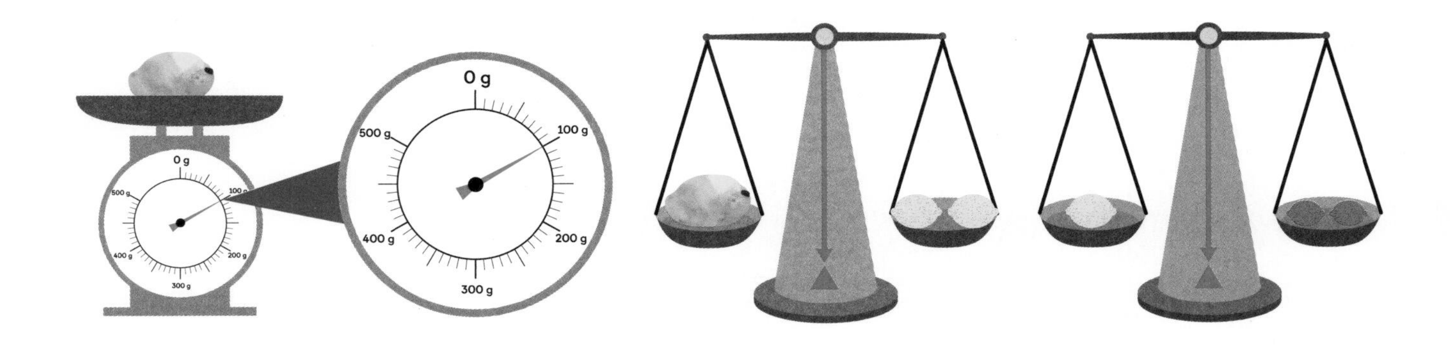

(1) 芒果 重 □ 克。

(2) 柠檬 是芒果 质量的 $\frac{\square}{\square}$。

(3) 柠檬 重 □ 克。

(4) 酸橙 是柠檬 质量的 $\frac{\square}{\square}$。

(5) 酸橙 是芒果 质量的 $\frac{\square}{\square}$。

(6) 酸橙 重 □ 克。

回顾与挑战

1 圈出被平均分成两部分的图形。

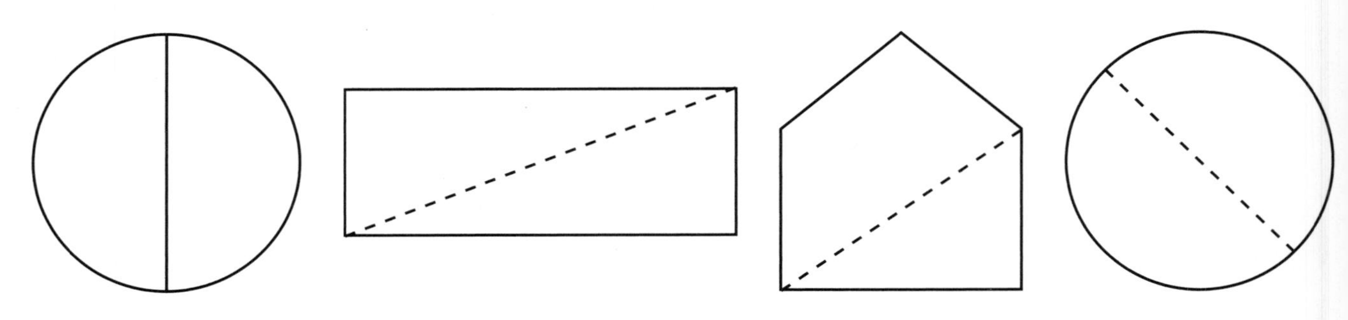

2 按要求将下列图形平均分成几部分。

(1) $\frac{1}{2}$

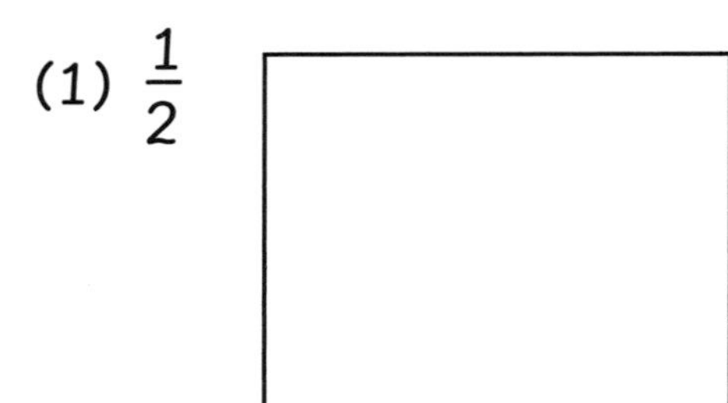

(2) $\frac{1}{4}$

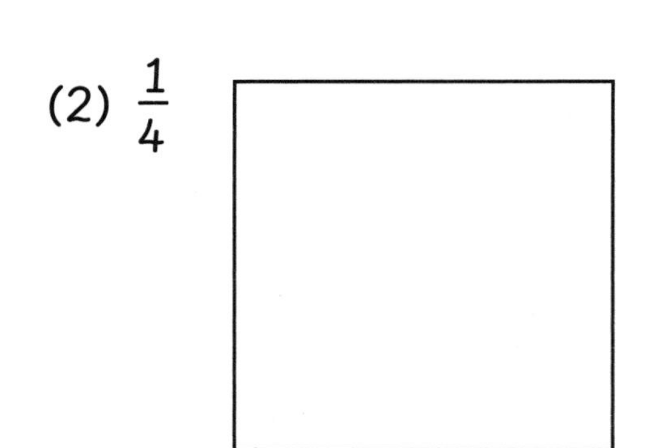

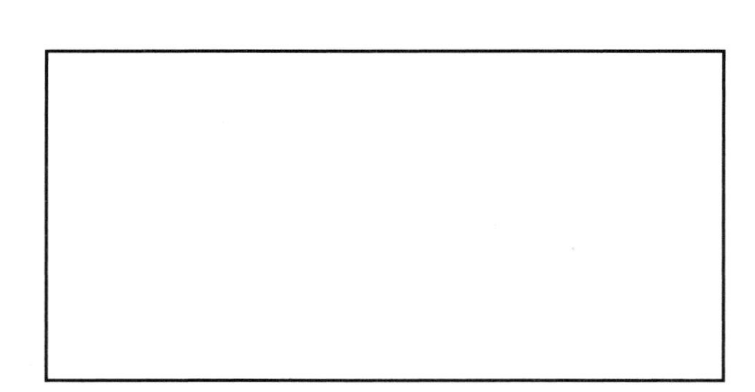

(3) $\frac{1}{3}$

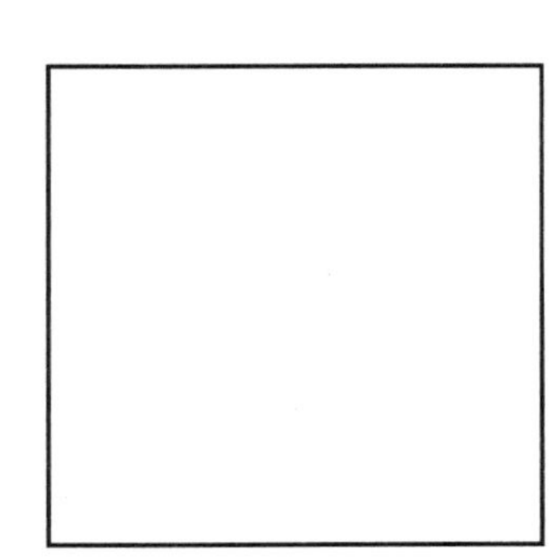

❸ 图中阴影部分占整个图形的几分之几？

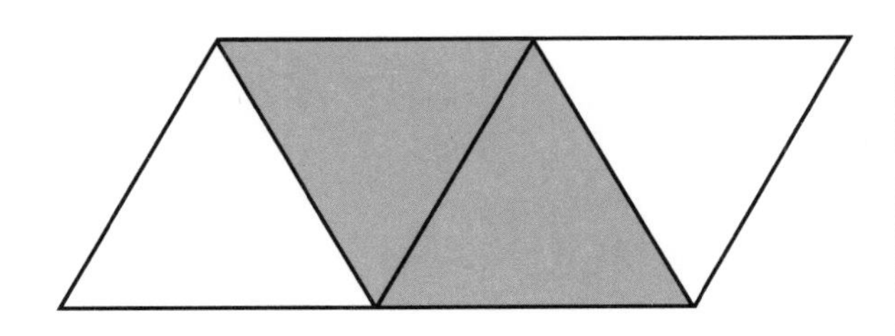

□ 份中的 □ 有阴影。

□ 是分子

□ 是分母

❹ 填一填。

(1) $\frac{2}{\square}=1$

(2) $\frac{\square}{3}=1$

(3) $\frac{\square}{2}=\frac{2}{4}$

(4) $\frac{2}{4}=\frac{1}{\square}$

(5) $\frac{3}{\square}=1$

(6) $\frac{\square}{4}=1$

5 按要求画出阴影部分并填空。

(1) $\frac{3}{4}$

$\frac{1}{2}$

$\frac{\square}{\square}$ 小于 $\frac{\square}{\square}$。

(2) $\frac{2}{3}$

$\frac{3}{4}$

$\frac{\square}{\square}$ 大于 $\frac{\square}{\square}$。

$\frac{\square}{\square}$ 小于 $\frac{\square}{\square}$。

6 填一填。

(1)

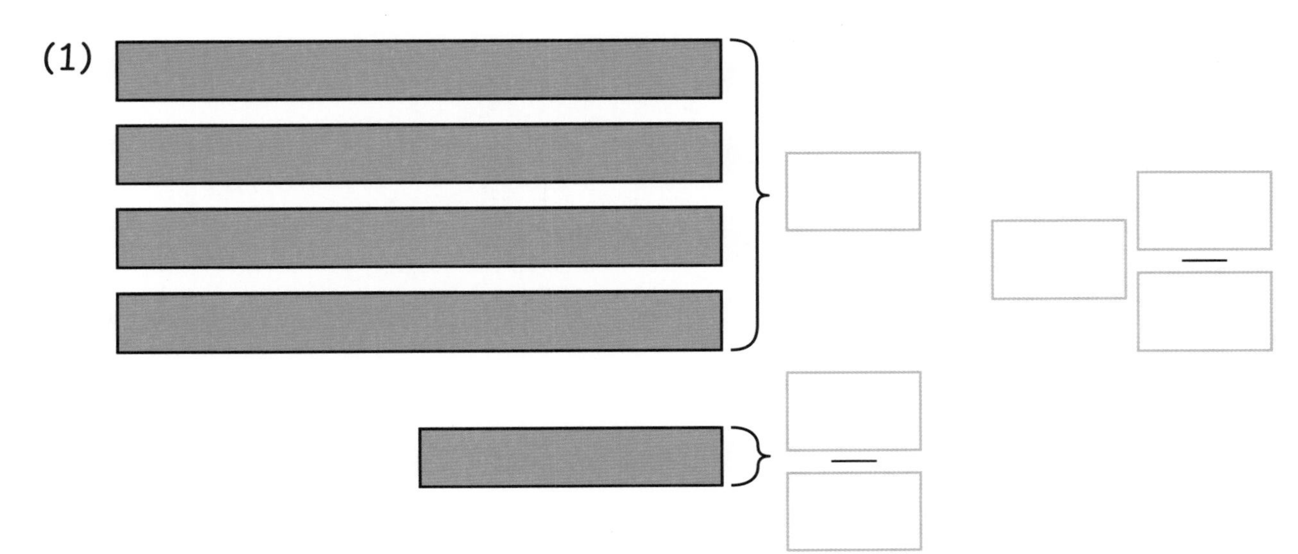

(2)

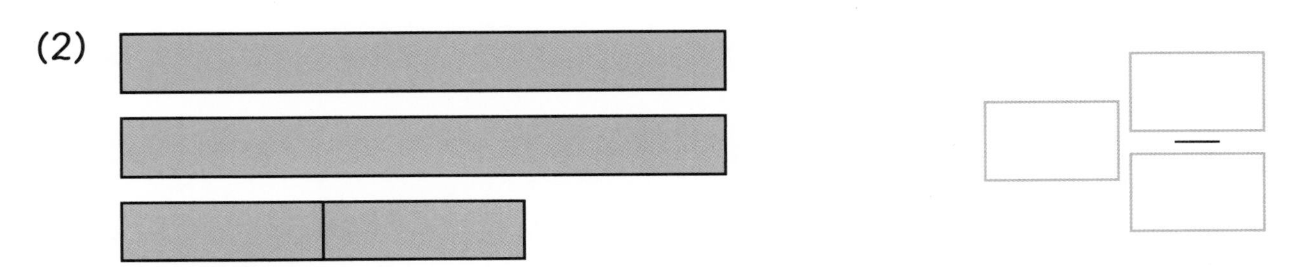

(3)

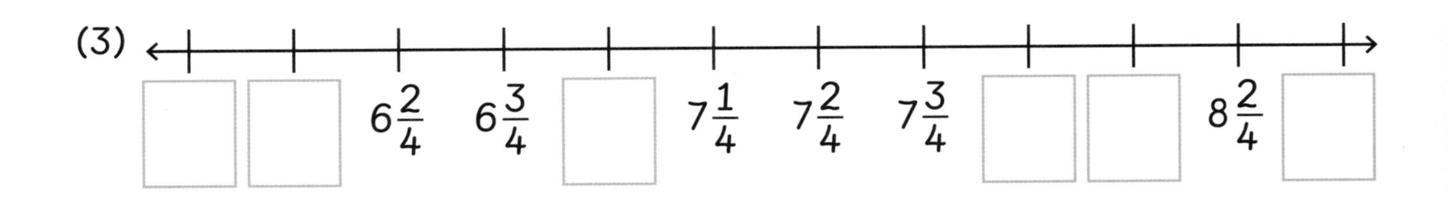

7 在数线上标出$8\frac{3}{4}$的正确位置。

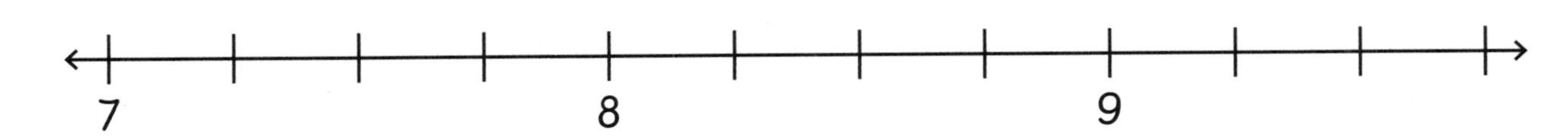

8 在数线上标出$5\frac{1}{3}$的正确位置。

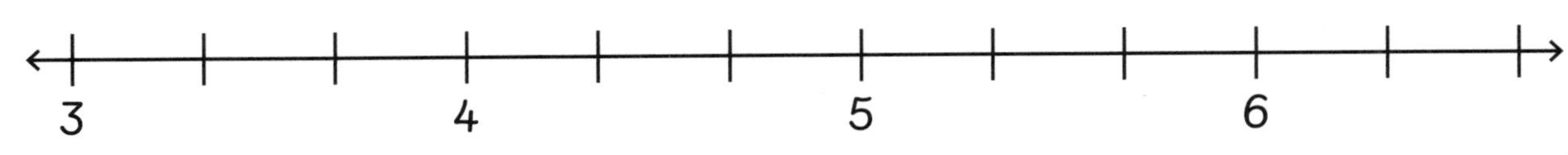

9 填一填。

(1)

27的$\frac{1}{3}$ = □

(2)

36的$\frac{1}{4}$ = □

(3)

50的$\frac{1}{2}$ = □

10 汉娜  的体重是20千克。

她的狗的体重是  的$\frac{1}{2}$。

她的猫的体重是  的$\frac{1}{4}$。

狗和猫的体重一共多少千克?

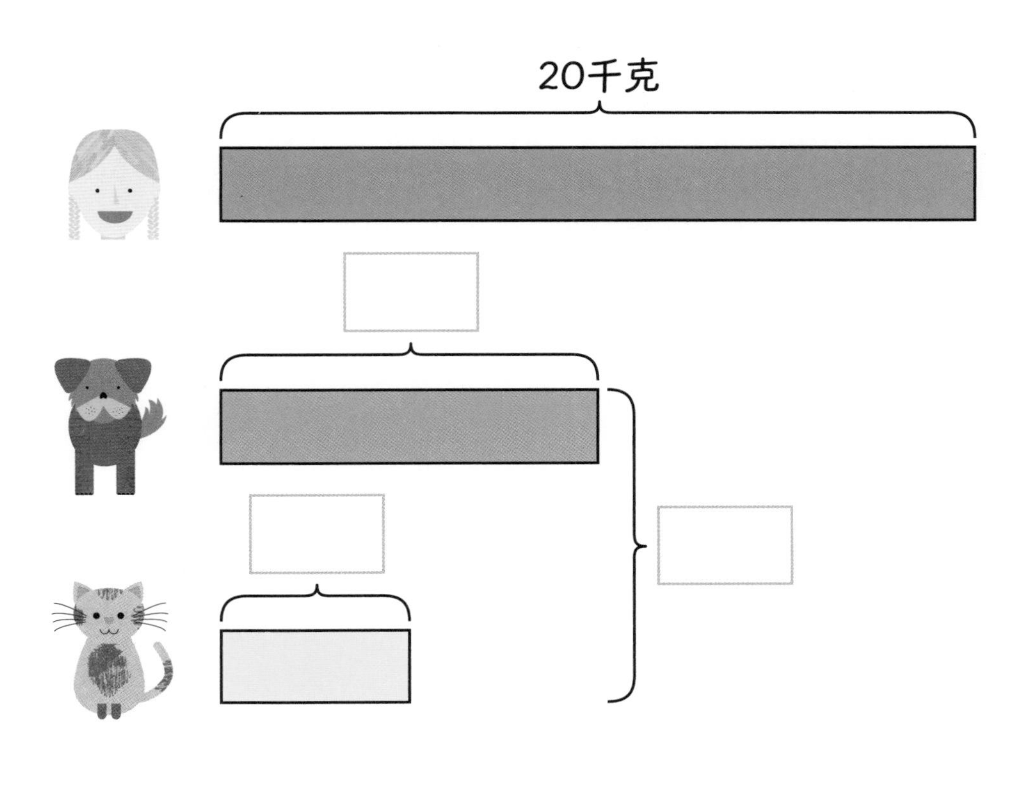

狗和猫的体重一共 ______ 千克。

参考答案

第 6 页 1 **(1)** 可能的答案

(2) 可能的答案

2 (1) 可能的答案

(2) 可能的答案

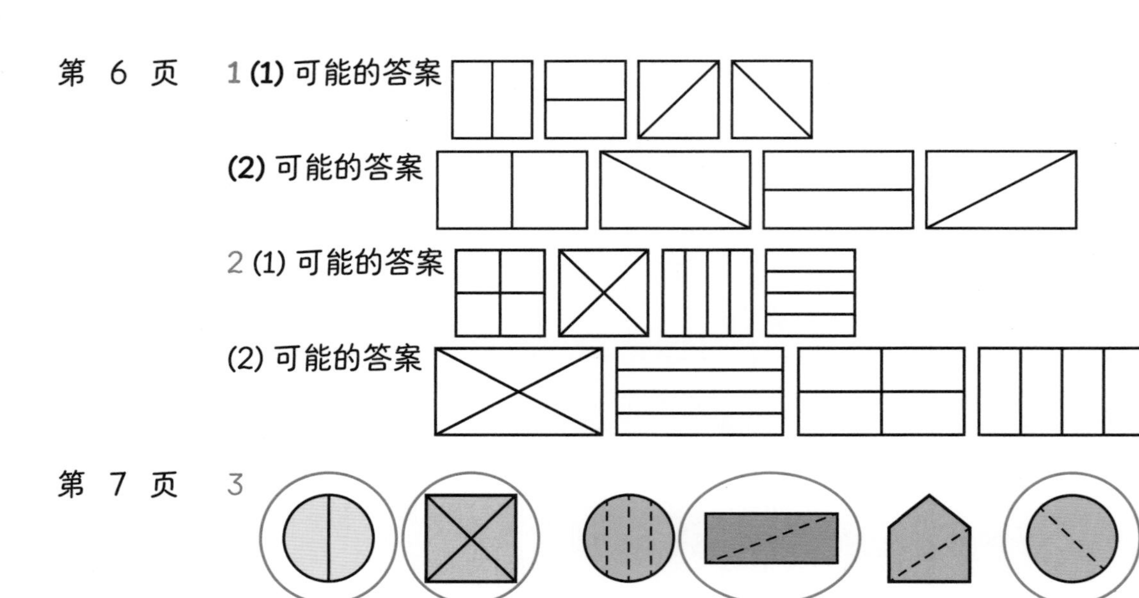

第 7 页 3

第 9 页

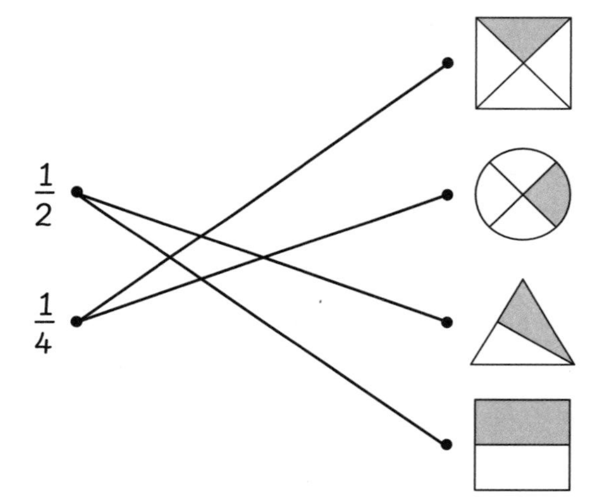

第 11 页 1 $\frac{2}{3}$, 2 份； 2 $\frac{1}{3}$, 1 份； 3 $\frac{3}{3}$, 3 份。

第 13 页 1 **(1)** 4份中的2份有阴影。2是分子。4是分母。
(2) 4份中的1份有阴影。1是分子。4是分母。
(3) 2份中的1份有阴影。1是分子。2是分母。

2 有阴影部分占$\frac{2}{4}$；有阴影部分占$\frac{2}{4}$

第 16 页 1

第 17 页　2 (1) $\frac{2}{2}=1$ (2) $\frac{3}{3}=1$ (3) $\frac{3}{3}=1$ (4) $\frac{4}{4}=1$ (5) $\frac{1}{2}=\frac{2}{4}$ (6) $\frac{2}{4}=\frac{1}{2}$

第 19 页　1 给任意1块涂上阴影，比如

给任意3块涂上阴影，比如 ，$\frac{3}{4}$大于$\frac{1}{4}$，$\frac{1}{4}$小于$\frac{3}{4}$。

2 (1) $\frac{3}{4}$, $\frac{2}{4}$, $\frac{1}{4}$ (2) $\frac{1}{3}$, $\frac{2}{3}$, $\frac{3}{3}$

第 21 页　1 (1) $\frac{1}{4}<\frac{1}{2}$ (2) $\frac{1}{3}>\frac{1}{4}$ (3) $\frac{1}{3}<\frac{1}{2}$ 2 $\frac{1}{4}$, $\frac{1}{3}$, $\frac{1}{2}$

第 23 页　1 2, $\frac{3}{4}$, $2\frac{3}{4}$ 2 1, $\frac{1}{3}$, $1\frac{1}{3}$ 3 2, $\frac{1}{2}$, $2\frac{1}{2}$ 4 3, $\frac{1}{4}$, $3\frac{1}{4}$

第 25 页　1 (1) $1\frac{1}{2}$ (2) 4, $\frac{1}{2}$, $4\frac{1}{2}$ (3) $3\frac{1}{2}$ 2 2, $3\frac{1}{2}$, $4\frac{1}{2}$, $5\frac{1}{2}$

第 27 页　1 (1) $1\frac{1}{4}$ (2) 3, $\frac{2}{4}$, $3\frac{2}{4}$ (3) $2\frac{3}{4}$ 2 (1) $\frac{2}{4}$, $1\frac{1}{4}$ (2) 7, $7\frac{3}{4}$, $8\frac{1}{4}$, $8\frac{3}{4}$

第 29 页　1 (1) $1\frac{1}{3}$ (2) 2, $\frac{2}{3}$, $2\frac{2}{3}$ (3) $2\frac{2}{3}$ 2 (1) $\frac{1}{3}$, $\frac{2}{3}$, $1\frac{2}{3}$, $2\frac{2}{3}$, 3, $3\frac{1}{3}$

(2) 5, $5\frac{1}{3}$, $5\frac{2}{3}$, $6\frac{2}{3}$, $7\frac{2}{3}$, 8, $8\frac{1}{3}$

第 31 页　1 3 2 6 3 2 4 15

第 33 页　1 4 2 5 3 4 4 12

第 35 页

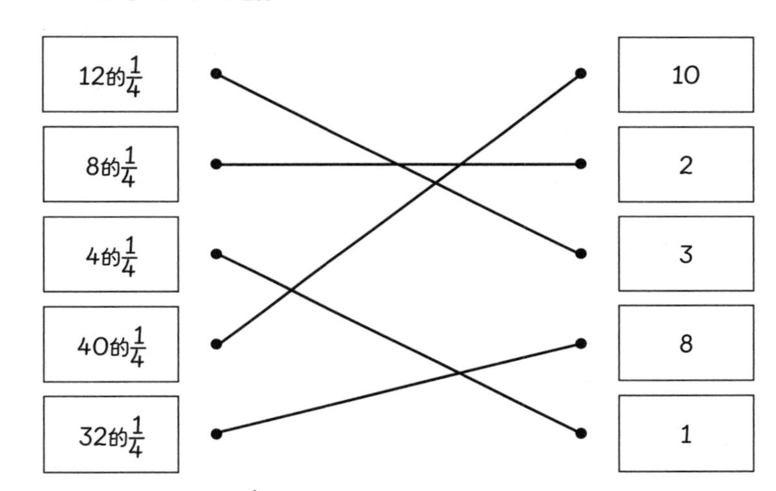

第 37 页　1 4米，16米的$\frac{1}{4}$= 4米，轿车的长度是4米。 2 (1) 24元，48元的$\frac{1}{2}$= 24元，裤子的价格是24元。

第 38 页　(2) 裤子24元，24元的$\frac{1}{2}$=12元。T恤衫12元，T恤衫的价格是12元。

3 露露的姐姐花了60分钟或1小时做作业。

第 39 页　4(1) 芒果重100克。(2) 柠檬是芒果质量的$\frac{1}{2}$ 。

(3) 柠檬重50克。(4) 酸橙是柠檬质量的$\frac{1}{2}$ 。

(5) 酸橙是芒果质量的$\frac{1}{4}$。(6) 酸橙重25克。

第 40 页

1

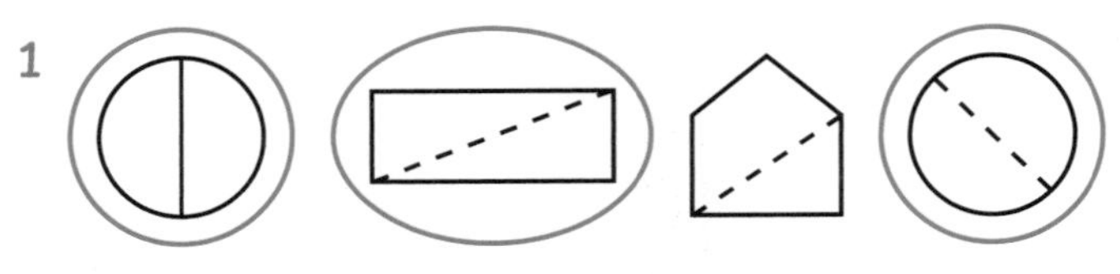

2 (1) 可能的答案

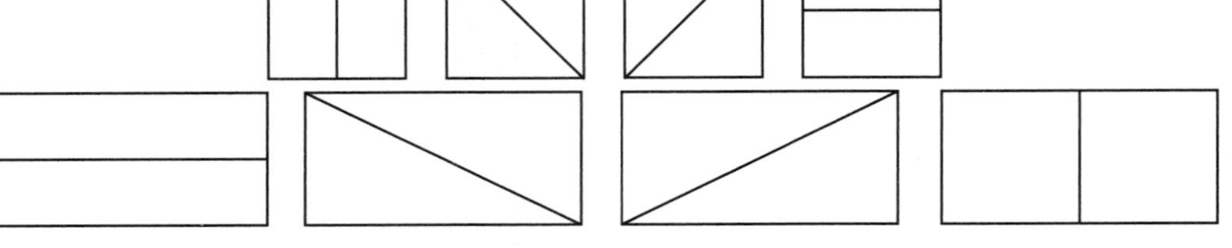

(2) 可能的答案

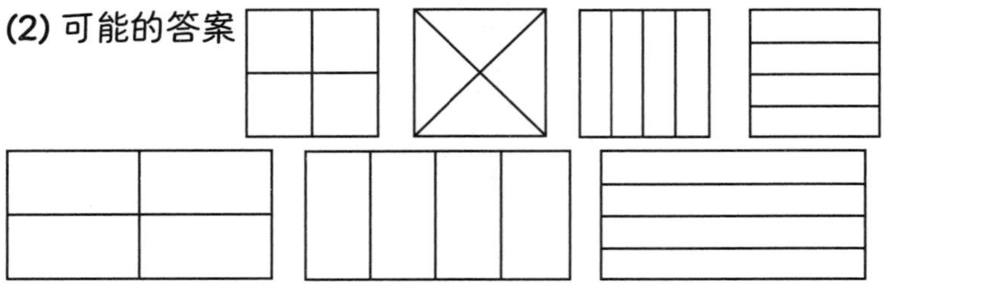

第 41 页

(3) 可能的答案

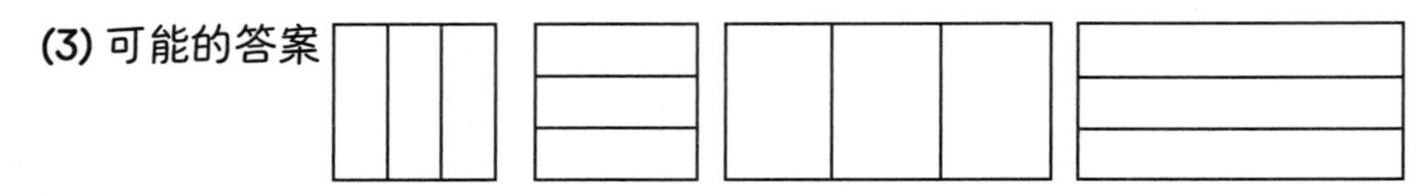

3 4份中的2份有阴影。2是分子。4是分母。

4 (1) $\frac{2}{2}=1$ (2) $\frac{3}{3}=1$ (3) $\frac{1}{2}=\frac{2}{4}$ (4) $\frac{2}{4}=\frac{1}{2}$ (5) $\frac{3}{3}=1$ (6) $\frac{4}{4}=1$

第 42 页

5 (1) 给任意3块涂上阴影，比如 $\frac{3}{4}$
给任意2块涂上阴影，比如 $\frac{1}{2}$
$\frac{3}{4}$大于$\frac{1}{2}$。$\frac{1}{2}$小于$\frac{3}{4}$。

(2) 给任意2块涂上阴影，比如 $\frac{2}{3}$
给任意3块涂上阴影，比如 $\frac{3}{4}$
$\frac{3}{4}$大于$\frac{2}{3}$。$\frac{2}{3}$小于$\frac{3}{4}$。

第 43 页

6 (1) $4, \frac{1}{2}, 4\frac{1}{2}$ (2) $2\frac{2}{3}$ (3) $6, 6\frac{1}{4}, 7, 8, 8\frac{1}{4}, 8\frac{3}{4}$

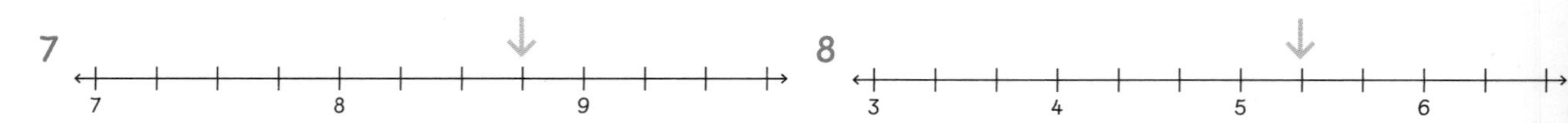

第 44 页

9 (1) 9 (2) 9 (3) 25

第 45 页

狗的体重是10千克，猫的体重是5千克，狗和猫的体重一共15千克。